房建绿色施工技术的应用研究

周鑫 刘炎 韩晓飞 ◎著

中国出版集团 现代出版社

图书在版编目（CIP）数据

房建绿色施工技术的应用研究 / 周鑫，刘炎，韩晓飞著. -- 北京：现代出版社，2022.12
ISBN 978-7-5231-0013-4

Ⅰ．①房… Ⅱ．①周… ②刘… ③韩… Ⅲ．①房屋－建筑施工－无污染技术－研究 Ⅳ．①TU74

中国版本图书馆CIP数据核字(2022)第256426号

房建绿色施工技术的应用研究

作　　者	周　鑫　刘　炎　韩晓飞
责任编辑	裴　郁
出版发行	现代出版社
地　　址	北京市朝阳区安外安华里504号
邮　　编	100011
电　　话	010-64267325　64245264(传真)
网　　址	www.1980xd.com
电子邮箱	xiandai@cnpitc.com.cn
印　　刷	北京四海锦诚印刷技术有限公司
版　　次	2023年7月第1版　2023年7月第1次印刷
开　　本	185 mm×260 mm　1/16
印　　张	10.75
字　　数	251千字
书　　号	ISBN 978-7-5231-0013-4
定　　价	58.00元

版权所有，侵权必究，未经许可，不得转载

前言

建筑业是国民经济支柱产业之一。改革开放以来，随着工业化、城镇化的快速推进，我国建筑市场的发展越来越快，建设速度前所未有。建筑业是一个资源消耗巨大、污染排放集中、覆盖面和影响面广的行业。一方面，施工过程是建筑产品的生成阶段，需要消耗大量的水泥、钢材、木材、玻璃等各种材料，需要各类施工机具、运输设备的配套投入。另一方面，在施工过程中会释放大量的扬尘、噪声、废水、固体废弃物等污染物，影响了现场及其周围公众的生产生活，在给整个城市面貌带来巨大改观的同时也造成了负面环境影响。随着社会经济、科技的发展，人们生活水平的不断提高，资源短缺和环境污染将成为这个时代所面临的主要问题。

从可持续发展的角度出发，绿色生态建筑越来越受到人们的青睐，它势必成为21世纪建筑的弄潮儿。现代民众对房屋质量、房屋使用体验的需求越来越高，现阶段房屋建设已成为一项系统且复杂的工程。就实际而言，建设者必须满足使用需求，均衡设计理念，同时注意节能方面技术。本书就是从绿色施工技术的基础理论入手，论述了绿色施工施工过程中的节能和环境保护技术，然后对绿色施工的综合技术应用做了重点阐述，最后对绿色施工过程中的管理也做了详细论述。本书可为房建工程尤其是绿色施工技术研究的人员提供参考。

为了确保研究内容的丰富性和多样性，作者在写作本书过程中参考了大量理论与文献，在此向涉及的专家学者表示衷心的感谢。限于作者水平，加之时间仓促，本书难免存在疏漏和不妥之处，在此，恳请广大读者朋友批评指正！

目 录

- 第一章 绿色施工技术的理论解析 ································ 1
  - 第一节 绿色施工的基础理论 ································ 1
  - 第二节 绿色施工的作用 ···································· 6
  - 第三节 绿色施工的原则 ···································· 8
  - 第四节 绿色施工的技术发展趋势 ···························· 12

- 第二章 绿色施工的主要技术 ···································· 38
  - 第一节 绿色施工的节材与材料资源利用 ······················ 38
  - 第二节 绿色施工的节水与水资源利用 ························ 44

- 第三章 绿色建筑施工的室内外环境控制 ·························· 50
  - 第一节 绿色建筑的室外环境控制 ···························· 50
  - 第二节 绿色建筑的室内环境控制 ···························· 54
  - 第三节 绿色建筑的土地利用 ································ 63

- 第四章 绿色施工过程中的环境保护 ······························ 67
  - 第一节 环境保护与扬尘控制 ································ 67
  - 第二节 噪声、振动与光污染控制 ···························· 73
  - 第三节 水污染控制与土壤保护 ······························ 80
  - 第四节 建筑垃圾控制 ······································ 85
  - 第五节 地下设施、文物和资源保护 ·························· 90

第五章　绿色施工的综合技术 ……………………………………… 93

第一节　地基与基础结构的绿色施工技术 ……………………………… 93
第二节　主体结构的绿色施工综合技术 ………………………………… 100
第三节　装饰工程的绿色施工综合技术 ………………………………… 107
第四节　安装工程的绿色施工综合技术 ………………………………… 115

第六章　建筑产业现代化在绿色施工中的应用 ……………………… 122

第一节　建筑产业现代化的基础理论 …………………………………… 122
第二节　装配式建筑在绿色施工中的应用 ……………………………… 127
第三节　标准化技术在绿色施工中的应用 ……………………………… 132
第四节　信息化技术在绿色施工中的应用 ……………………………… 137

第七章　房建绿色施工的管理 ………………………………………… 145

第一节　绿色施工组织管理 ……………………………………………… 145
第二节　绿色施工规划管理 ……………………………………………… 148
第三节　绿色施工目标管理 ……………………………………………… 152
第四节　绿色施工实施管理 ……………………………………………… 156
第五节　绿色施工评价管理 ……………………………………………… 158

参考文献 ………………………………………………………………… 163

第一章 绿色施工技术的理论解析

第一节 绿色施工的基础理论

一、绿色施工的概念

(一) 绿色施工的定义

"绿色"一词强调的是对原生态的保护,其根本是为了实现人类生存环境的有效保护和促进经济社会的可持续发展。绿色施工要求在施工过程中,保护生态环境,关注节约与资源充分利用,全面贯彻以人为本的理念,保证建筑业的可持续发展。《建筑工程绿色施工规范》中对绿色施工的概念做了最权威的界定:绿色施工是指在保证质量、安全等基本要求的前提下,通过科学管理和技术进步,最大限度地节约资源,减少对环境的负面影响,实现节能、节材、节水、节地和环境保护("四节一环保")的建筑工程施工活动。

绿色施工作为建筑"全寿命周期"中的一个重要阶段,是实现建筑领域资源节约和节能减排的关键环节。实施绿色施工,应依据因地制宜的原则,贯彻执行国家、行业和地方相关的技术经济政策。绿色施工应是可持续发展理念在工程施工中全面应用的体现,绿色施工并不仅是指在工程施工中实施封闭施工,没有尘土飞扬,没有噪声扰民,在工地四周栽花、种草,实施定时洒水等这些内容,它涉及可持续发展的各个方面,如生态与环境保护、资源与能源利用、社会与经济的发展等内容。绿色施工技术应当是技术的创新与集成的有效结合,使绿色建筑的建造、后期运营乃至拆解全过程实现充分而高效地利用自然资源,减少污染物排放。这是一项技术含量高、系统化强的"绿色工程",是对传统绿色施工工艺的改进,是促进可持续发展的一项重要举措。

绿色施工中的"绿色"包含着节约、回收利用和循环利用的含义，是更深层次的人与自然的和谐、经济发展与环境保护的和谐。因此，实质上绿色施工已经不仅着眼于"环境保护"，而且包括"和谐发展"的深层次意义。对于"环境保护"方面，要求从工程项目的施工组织设计、施工技术、装备一直到竣工，整个系统过程都必须注重与环境的关系，都必须注重对环境的保护。"和谐发展"则包含生态和谐、人际和谐两个方面，要求注重项目的可持续性发展，注重人与自然间的生态和谐，注重人与人之间的人际和谐，如项目内部人际和谐、项目外部人际和谐。总体来说，绿色技术包括节约原料、节约能源、控制污染、以人为本，在遵循自然资源重复利用的前提下，满足生态系统周而复始的闭路循环发展需要。由此可见，绿色施工与传统施工的主要区别在于绿色施工目标要素中，要把环境和节约资源、保护资源作为主控目标之一。由此，造成了绿色施工成本的增加，企业可能面临一定的亏损压力。企业大多数在乎的是经济效益，认识不到环境保护给企业和社会带来的巨大效益，因此绿色施工有一定的经济属性。它主要表现为施工成本及收益两方面的内容。施工成本主要分为在建造过程中必须要支出的建造成本和在施工过程中为了降低对环境造成较大损害而产生的额外环境成本；收益指的是建筑物在完成之后的建造收入、社会收入等多方面的收入。具有较好的环境经济效益是绿色施工得以发展的前提，这也是被社会、政府所鼓励的根本原因所在。建设单位、设计单位和施工方往往缺乏实施绿色施工的动力，因此，绿色施工各参与方的责任应该得到有效落实，相关法律基础和激励机制应进一步建立健全。

绿色施工涉及以下五方面的内容：①具有可持续发展思想的施工方法或技术，称为绿色施工技术或可持续施工技术。它不是独立于传统施工技术的全新技术，而是用可持续的眼光对传统施工技术的重新审视，是符合可持续发展战略的施工技术。因此，绿色施工的根本指导思想是可持续发展。②绿色施工是追求尽可能小的资源消耗和保护环境的工程建设生产活动，这是绿色施工区别于传统施工的根本特征。绿色施工倡导施工活动以节约资源和保护环境为前提，要求施工活动有利于经济活动的可持续发展，体现了绿色施工的本质特征。③绿色施工的实现途径是绿色施工技术的应用和绿色施工管理的升华，绿色施工必须依托相应的技术和组织管理手段来实现。④绿色施工强调的是施工过程中最大限度地减少施工活动对场地及周围环境的不利影响，严格控制噪声污染、光污染和大气污染，使污染物和废弃物排放量最小。⑤通过切实有效的管理制度和工作制度，最大限度地减少施工活动对环境的不利影响，减少资源和能源的消耗，是实现可持续发展的先进、实用的施工技术。

（二）绿色施工与传统施工的异同

绿色施工与传统施工的相同点：①具有相同的对象——工程项目；②具有相同的资源配置——人、材料、设备等；③实现的方法相同——工程管理与工程技术方法。

绿色施工与传统施工的不同点如下。

1. 出发点不同

绿色施工着眼于节约资源、保护资源，建立人与自然、人与社会的和谐；而传统施工只要不违反国家的法律法规和有关规定，能实现质量、安全、工期、成本目标就可以，尤其是为了降低成本，可能产生大量的建筑垃圾，以牺牲资源为代价，噪声、扬尘、堆放渣土还可能对项目周边环境和居住人群造成危害或影响。

2. 实现目标控制的角度不同

为了达到绿色施工的标准，施工单位首先要改变观念，综合考虑施工中可能出现的能耗较高的因素，通过采用新技术、新材料，持续改进管理水平和技术方法。而传统施工着眼点主要是在满足质量、工期、安全的前提下，如何降低成本，至于是否节能降耗、如何减少废弃物和有利于营造舒适的环境则不是其考虑的重点。

3. 落脚点不同，达到的效果不同

在实施绿色施工过程中，由于考虑了环境因素和节能降耗，可能造成了建造成本的增加，但由于提高了认识，更加注重节能环保，采用了新技术、新工艺、新材料，持续改进管理水平和技术装备能力；不仅对全面实现项目的控制目标有利，在建造中节约了资源，营造了和谐的周边环境，还向社会提供了好的建筑产品。传统施工有时也考虑节约，但更多地是向降低成本倾斜，对于施工过程中产生的建筑垃圾、扬尘、噪声等就可能处于次要控制。

4. 受益者不同

绿色施工受益的是国家和社会、项目业主，最终也会受益于施工单位。传统施工首先受益的是施工单位和项目业主，其次才是社会和使用建筑产品的人。

从长远来看，绿色施工兼顾了经济效益和环境效益，是从可持续发展的需要出发，着眼于长期发展的目标。相对来说，传统施工方法所需要消耗的资源比绿色施工多出很多，并存在大量资源浪费现象。绿色施工提倡合理地节约，促进资源的回收利用、循环利用，减少资源的消耗。

因此，绿色施工强调的"四节一环保"并非以施工单位的经济效益最大化为基础，而

是强调在保护环境和节约资源前提下的"四节",强调节能减排下的"四节"。从根本上来说,绿色施工有利于施工单位经济效益和社会效益的提升,最终造福社会;从长远来说,有利于推动建筑企业可持续发展。

(三) 绿色施工与绿色建筑的关系

1. 相同点

①目标一致——追求"绿色",致力减少资源消耗和环境保护;绿色建筑和绿色施工都强调节约能源和保护环境,是建筑节能的重要组成部分,强调利用科学管理、技术进步以达到节能和环保的目的。

②绿色施工的深入推进,对于绿色建筑的生成具有积极促进作用。

2. 不同点

(1) 时间跨度不同

绿色建筑涵盖了建筑物的整个生命周期,重点在运行阶段,而绿色施工主要针对建筑产品的生成阶段。

(2) 实现途径不同

绿色建筑主要依赖绿色建设设计及建筑运行维护的绿色化水平来实现,而绿色施工的实现主要通过对施工过程进行绿色施工策划并加以严格实施。

(3) 对象不同

绿色建筑强调的是绿色要求,针对的是建筑产品;而绿色施工强调的是施工过程的绿色特征,针对的是生产过程。这是二者最本质的区别。

绿色施工是绿色建筑的必然要求,而绿色建筑是绿色施工的重要目的。绿色建筑是在实现"四节一环保"的基础上提高室内环境质量的实体建筑产物。而绿色施工是一种在施工过程中,尽可能地减少资源消耗、能源浪费并实现对环境的保护的活动过程。二者相互密切关联,但又不是严格的包含关系,绿色建筑不见得通过绿色施工才能实现,而绿色施工的建筑产品也不一定是绿色建筑。

(四) 绿色施工与绿色建造的关系

目前,绿色建造是与绿色施工最容易混淆的概念。二者最大的区别在于是否包括施工图设计阶段,绿色建造是在绿色施工的基础上向前延伸,将施工图设计包括进去的一种施工组织模式。绿色建造代表了绿色施工的演变方向,而我国建筑业设计、施工分离的现状仍会持续很长时间，因此在现阶段做到绿色建造具有深刻、积极的现实意义。

（五）绿色施工与智慧工地的关系

智慧工地项目的最大特征是智慧。智慧工地是建筑业信息化与工业化融合的有效载体，强调综合运用建筑信息模型（BIM）、物联网、云计算、大数据、移动计算和智能设备等软硬件信息技术，与施工生产过程相融合，提供过程趋势预测及专家预案，实现工地施工的数字化、精细化、智慧化生产和管理；绿色施工强调的是对原生态的保护，要求在施工过程中，保护生态环境，关注节约与资源充分利用，全面贯彻以人为本的理念，保证建筑业的可持续发展。绿色施工通过科学管理和技术进步，实现节能、节材、节水、节地和环境保护（"四节一环保"）。构建智慧工地的过程中，用到了绿色施工的理念和技术，同时智慧工地在实现工地数字化、智慧化的过程中，许多方面做到了"四节一环保"，像工地的环境监测和保护与绿色施工的理念非常契合，两者相互促进。从某种意义上说，绿色施工的概念覆盖层次面更广，内涵更丰富。

二、绿色施工的本质

推进绿色施工是施工行业实现可持续发展、保护环境、勇于承担社会责任的一种积极应对措施，是施工企业面对严峻的经营形势和严酷的环境压力时自我加压、挑战历史和引导未来工程建设模式的一种施工活动。建筑工程施工对环境的负面影响大多具有集中、持续和突发特征，其决定了施工行业推行绿色施工的迫切性和必要性，切实推进绿色施工，使施工过程真正做到"四节一环保"，对于促使环境改善，提升建筑业环境效益和社会效益具有重要意义。

绿色施工不是一句口号，也并非一项具体技术，而是对整个施工行业提出的一个革命性的变革。把握绿色施工的本质，应从以下四个方面理解。

（1）绿色施工把保护和高效利用资源放在重要位置。施工过程是一个大量资源集中投入的过程，绿色施工应本着循环经济的"3R"原则（即减量化、再利用、再循环），在施工过程中就地取材，精细施工，以尽可能减少资源投入，同时加强资源回收利用，减少废弃物排放。

（2）绿色施工应将对环境的保护及对污染物排放的控制作为前提条件，将改善作业条件放在重要位置。施工是一种对现场周边甚至更大范围的环境有着相当大负面影响的生产活动。施工活动除了对大气和水体有一定的污染外，基坑施工对地下水影响也较大，同时，还会产生大量的固体废弃物排放以及扬尘、噪声、强光等刺激感官的污染。因此，施工活动必须体现绿色特点，将保护环境和控制污染排放作为前提条件，以此体现绿色施工的特点。

（3）绿色施工必须坚持以人为本，注重对劳动强度的减轻和作业条件的改善。施工企业应将以人为本作为基本理念，尊重和保护生命，保障工人身体健康，高度重视改善工人劳动强度高、居住和作业条件差、劳动时间偏长的情况。

（4）绿色施工必须时刻注重对技术进步的追求，把建筑工业化、信息化的推进作为重要支撑。绿色施工的意义在于创造一种对自然环境和社会环境影响相对较小，使资源高效利用的全新施工模式，绿色施工的实现需要技术进步和科技管理的支撑，特别是要把推进建筑工业化和施工信息化作为重要方向，它们对于资源的节约、环境的保护及工人作业条件的改善具有重要作用。

绿色施工在实施过程中还应做到以下四个方面：①尽可能采用绿色建材和设备。②节约资源、降低消耗。③清洁施工过程，控制环境污染。④基于绿色理念，通过科技与管理进步的方法，对设计产品（即施工图纸）所确定的工程做法、设备和用材提出优化和完善的建议意见，促使施工过程安全文明、质量得到保证，以实现建筑产品的安全性、可靠性、适用性和经济性。

建筑施工技术是指把建筑施工图纸变成建筑工程实物过程中所采用的技术。这种技术不是简单的一个具体的施工技术或者施工方法，而是包含整个施工过程在内所有的施工工艺、施工技术和方法。随着绿色建筑的诞生以及越来越被重视，绿色施工技术应运而生。绿色施工技术是指在传统的施工技术中实现"清洁生产"和"减物质化"等的绿色施工理念，实现节约资源、减少环境污染与破坏的效果。绿色施工应落实到具体的施工过程中去，打破传统的施工工艺与方法，将技术进行创新，将多种施工进行有效集成，选择最优方案，加强施工过程的管理，减少对环境的负面影响，保证建筑物在运营阶段的低能耗，实现整个建筑物"绿色"的效果。

第二节 绿色施工的作用

建筑全生命周期内包括原材料的获取、建筑材料生产与建筑构配件加工、现场施工安装、建筑物运行维护以及建筑物最终拆除处置等建筑生命的全部过程。建筑全生命周期的各个阶段都是在资源和能源的支撑下完成的,并向环境系统排放物质。

建筑全生命周期各阶段主要环境影响类型如表 1-1 所列。

表 1-1　建筑全生命周期各阶段主要环境影响类型

阶段	主要生产过程	环境影响类型	能源消耗
原材料开采	骨料、填充材料、矿石、黏石、石灰石等	排放空气、水等,噪声、粉尘、土地利用等	采掘机械运行、破碎、运输等
建材生产及建筑材料配件加工	金属、水泥、塑料、砖、玻璃、涂料等	资源消耗,排放空气、水等	高温工艺、机器运行、运输等
建筑施工	工地准备、结构施工、装修、油漆等	粉尘、烟气、溢漏、噪声、废弃物等	非道路车辆使用、材料搬运、施工切割机具、照明等
使用与维护	建筑物使用与维护	废水、地下水和排水等	采暖、冷却、照明和维护等
拆除	建筑物拆除	废弃物、粉尘等	装置和机械运行、运输

施工阶段是建筑全生命周期的阶段之一,属于建筑产品的物化过程。从建筑全生命周期的角度分析,绿色施工在整个建筑生命周期环境中的地位和作用表现如下。

一、绿色施工有助于减少施工阶段的环境污染

相比建筑产品几十年甚至几百年运行阶段能耗总量而言,施工阶段的能耗总量并不突出,但是施工阶段能耗却较为集中,同时产生了大量的粉尘、噪声、固体废弃物、水消耗、土地占用等多种类型的环境影响,对现场和周围人们的生活和工作有更加明显的影响。施工阶段环境影响在数量上不一定是最多的阶段,但是具有类型多、影响集中、程度深的特点,是人们感受最突出的阶段。绿色施工通过控制各种环境影响,节约能源资源,能够有效地减少各类污染物的产生,减少对周围人群的负面影响,取得突出的环境效益和社会效益。

二、绿色施工有助于改善建筑全生命周期的绿色性能

在建筑全生命周期中,规划设计阶段对建筑物整个生命周期的使用功能、环境影响和费用的影响最为深远。然而,规划设计的目标是在施工阶段落实的,施工阶段是建筑物的生成阶段,其工程质量影响着建筑运行时期的功能、成本和环境影响。绿色施工的基础质量保证,有助于延长建筑物的使用寿命,从实质上提升资源利用率。绿色施工是在保障工程安全质量的基础上强调保护环境、节约资源,其对环境的保护将带来长远的环境效益,有利于推进社会的可持续发展。施工现场建筑材料、施工机具和楼宇设备的绿色性能评价

和选用绿色性能相对较好的建筑材料、施工机具和楼宇设备是绿色施工的需要，更是对绿色建筑的实现具有重要作用。可见，推进绿色施工不仅能够减少施工阶段的环境负面影响，还可以为绿色建筑的形成提供重要支撑，为社会的可持续发展提供保障。

三、推进绿色施工是建造可持续性建筑的重要支撑

建筑在全生命周期中是否"绿色"、是否具有可持续性，是由其规划设计、工程施工和物业运行等过程是否具有绿色性能、是否具有可持续性所决定的。对于绿色建筑物的建成，首先，需要工程策划思路正确、符合可持续发展要求；其次，规划设计还必须达到绿色设计标准；最后，施工过程也要严格进行策划、实施使其达到绿色施工水平，物业运行是一个漫长的过程，必须依据可持续发展的思想进行绿色物业管理。在建筑全生命周期中，要完美体现可持续发展思想，各环节、各阶段都需凝聚目标，全力推进和落实绿色发展理念，通过绿色设计、绿色施工和绿色运行维护建成可持续发展的建筑。

四、有助于企业转变发展观念

建筑企业是绿色施工的实施主体，企业往往过多地在乎经济效益与社会效益，却没有认识到环境给企业带来的巨大效益。建筑企业的组织管理以及现场管理一直比较重视工程的进度和获得的经济收益，而施工现场的污染以及材料的浪费等则没有引起关注。实际上，绿色施工最终的目标就是要使企业实现经济、社会以及环境效益三者的有机统一。开展绿色施工并不仅意味着高投入，从长远来看，它实则增进了建筑施工企业的综合效益。建筑施工企业应加强对绿色施工技术的应用，提高企业的施工质量，积极研发绿色施工的新技术，提升企业的创新能力。

综上所述，绿色施工的推进，不仅能有效地减少施工活动对环境的负面影响，而且对提升建筑全生命周期的绿色性能也具有重要的支撑和促进作用。

第三节 绿色施工的原则

一、绿色施工的原则

基于可持续发展理念，绿色施工必须实行下面四点原则。

(一) 以人为本的原则

人类生产活动的最终目标是创造更加美好的生存条件和发展环境,因此,这些活动必须以顺应自然、保护自然为目标,以物质财富的增长为动力,实现人类的可持续发展。绿色施工就是把关注资源节约和保护人类的生存环境作为基本要求,把人的因素放在核心位置,关注施工活动对生产、生活的负面影响,不仅包括对施工现场内的相关人员,也包括对周边人群和全社会的负面影响,把尊重人、保护人作为主旨,充分体现以人为本的根本原则,实现施工活动与人和自然的和谐发展。

(二) 环保优先的原则

自然生态环境质量直接关系到人类的健康,影响着人类的生存与发展,保护生态环境就是保护人类的生存和发展。工程施工活动对周边环境有较大的负面影响,绿色施工应秉承环保优先的原则,把施工过程中的烟尘、粉尘、固体废弃物等污染物,以及振动、噪声、强光等直接刺激感官的污染物控制在允许范围内,这也是绿色施工中"绿色"内涵的直接体现。

(三) 资源高效利用原则

资源的可持续性是人类可持续性发展的主要保障,建筑施工是典型的资源消耗型产业,在未来相当长的时期内建筑业还将保持较大规模的需求,这必将消耗数量巨大的资源。绿色施工就是要把改变传统粗放的生产方式作为基本目标,把高效利用资源作为重点,坚持在施工活动中节约资源、高效利用资源、开发利用可再生资源来推动工程建设水平持续提高。

(四) 精细化施工的原则

精细化施工可以减少施工过程中的失误,减少返工,从而减少资源的浪费。因此,绿色施工应坚持精细施工原则,将精细化融入施工过程中,通过精细策划、精细管理、严格规范标准、优化施工流程、提升施工技术水平、强化施工动态监控等方法促使施工方式由传统的高消费粗放型、劳动密集型向资源集约型和智力、技术、管理密集的方向转变,逐步践行精细化施工原则。

遵循精细化施工的原则,实施绿色施工,应进行总体方案优化。在规划、设计阶段,应充分考虑绿色施工的总体要求，为绿色施工提供基础条件。实施绿色施工，应对施工策划、材料采购、现场施工、工程验收等各阶段进行控制，加强对整个施工过程的管理和监督。

二、绿色施工的推进思路

（一）绿色施工推进的紧迫性

当前，我国正处于经济快速发展时期，固定资产投资规模增长较快，城镇化进程在快速推进，建筑业生产规模增长迅速，同时也消耗了大量的资源，对环境产生了许多负面影响。

（1）大规模的建设活动带来了巨大的资源和环境压力。我国房屋施工面积和竣工面积增长迅速，大规模的建设活动，持续消耗了大量自然资源并排放污染物，给公众社会造成了较大的资源环境压力。

（2）工程施工活动产生了众多环境的负面影响。PM2.5来源中，扬尘污染占比较大，而扬尘主要来源于建筑工地施工和车辆运输。同时，施工过程会排放一定量的污水和大量固体废弃物。

（3）随着人们生活水平的提高和人口红利的递减，建筑用工资源减少，人力资源成本递增，给建筑企业提出新的要求。坚持以人为本，改善职业形象，施工行业需要寻求新的解决方案：一方面要扩大技术的贡献，提高机械化、工业化和信息化水平，减少人力需求和投入；另一方面，要切实改善作业条件、降低劳动强度、减少加班时间、加强劳动保护。

（4）随着经济的发展，把建筑业经营目标扩展到国际市场是必然趋势。当前，"低碳经济""可持续发展"已成为国际共识，欧美发达国家已经把绿色环保纳入市场准入的考核指标。这些无形中形成的绿色壁垒，给我国建筑企业的国际化造成了影响，使我国建筑企业在争夺国际市场时面临更大的压力和挑战。

我国经济发展的新常态给建筑业发展提出了一个重大的环境课题。绿色施工是施工行业的一次革命性变革，是建筑业实现可持续发展的战略举措，是破解上述难题的重要措施，是时代赋予的重要使命。

（二）绿色施工的推进思路

绿色施工的推进是一个复杂的系统工程，需要工程建设有关方面在意识、体制、激励和研究等方面进行不断的技术和管理创新,其推进的思路主要体现在以下几点。

1. 强化意识

当前,人们对推进绿色施工的迫切性和重要性认识还远远不够,从而严重影响着绿色施工的推进。只有在工程建设各方对自身生活环境与环境保护意识达成共识时,绿色价值标准和行为模式才能广泛形成。要综合运用法律、文化、社会和经济等手段,探索解决绿色施工推进过程中的各种问题和困难,吸引民众参与绿色施工相关的各种活动,持续深入宣传和广泛进行教育培训,建立绿色施工示范项目,用工程实例向行业和公众社会展示绿色施工效果,提高人们的绿色意识,让施工企业自觉推进绿色施工,让公众自觉监督绿色施工。

2. 健全体系

绿色施工的推进既涉及政府、建设方、施工方等诸多主体,又涉及组织、监管、激励、法律制度等诸多方面,是一个庞大的系统工程。特别是要建立健全激励机制、责任体系、监管体系、法律制度体系和管理基础体系等,使得绿色施工的推进形成良好的氛围和动力机制,责任明确、监管到位、法律制度和管理保障充分,这样的绿色施工推进就能落到实处,并取得显著成效。

3. 运用激励政策

当前对于施工企业来说,绿色施工推进存在着动力不足的问题,为加速绿色施工的推进,必须加强政策引导,并制订出台一定的激励政策,调动企业推进绿色施工的积极性;政府应该探索制订有效的激励政策和措施,系统推出绿色施工的管理制度、实施细则和激励政策等措施,制订市场、投资、监管和评价等相关方的行为准则,以激励和规范工程建设参与方行为,促使绿色施工全面推进和实施。

4. 研究先行

绿色施工是一种新的施工模式,是对传统施工管理和技术提出的全面升级要求。从宏观层面上法律政策的制订、监管体系的健全、责任体系的完善,到微观层面上传统施工技术的绿色改造、绿色施工专项技术的创新研究、项目层面管理构架及制度机制的形成等都需要进行创造性思考。只有在科学把握相关概念、原理,并得到充分验证的前提下,才能实现绿色施工科学前进。

5. 建立健全与绿色施工相适应的标准体系

在我国建设工程领域,企业主动进行环境管理体系认证的非常少见,其主动性与有效性尚且不足,距离绿色施工的要求相差甚远。考虑绿色施工推进的国家标准体系尚未健全，与绿色施工配套的标准也需要建立，创建绿色建筑和推进绿色设计、绿色施工等方面的系统性指标规范，可以更好地为绿色施工的全面系统化构建与实施提供保障。

6. 加强施工工艺技术和施工机械的创新和改进

对当前施工方式中一些不符合节约能源、节约材料、保护环境等要求的，必须予以改进。一是改进施工工艺技术，降低施工扬尘对大气环境的影响，降低基础施工阶段噪声对周边环境的干扰。新材料如免振捣混凝土的应用，可降低工人的劳动强度，避免噪声的产生。二是改进施工机械，如低能耗、低噪声机械的开发使用，不仅可提高施工效率，而且能直接为绿色施工做出贡献。

第四节 绿色施工的技术发展趋势

绿色施工图设计和绿色施工实施是绿色建造的两个阶段，将绿色施工图设计技术与绿色施工技术紧密结合，将有力地提高工程项目的总体绿色水平，真正实现预期的绿色建造效果，才能在建筑全生命周期的"生成阶段"构建真正意义的绿色建造。

一、绿色建造的发展方向

（一）信息化建造技术

信息化建造技术是利用计算机、网络和数据库等信息手段，对工程项目施工图设计和施工过程的信息进行有序存储、处理、传输和反馈的建造方式。建筑工程信息交换与共享是工程项目实施的重要内容。信息化建造有利于施工图设计和施工过程的有效衔接，有利于各方、各阶段的协调与配合，从而有利于提高施工效率，减小劳动强度。信息化建造技术应注重施工图设计信息、施工工程信息的实时反馈、共享、分析和应用，开发面向绿色建造全过程的模拟技术、绿色建造全过程实时监测技术、绿色建造可视化控制技术以及工程质量、安全、工期与成本的协调管理技术，建立实时性强、可靠性高的信息化建造技术系统。

1. 基于 BIM 的现场施工管理信息技术

基于 BIM 的现场施工管理信息技术是指利用 BIM 技术，并借助移动互联网技术实现施工现场可视化、虚拟化的协同管理。在施工阶段结合施工工艺及现场管理需求对设计阶段施工图模型进行信息添加、更新和完善,以得到满足施工需求的施工模型。依托标准化项目管理流程,结合移动应用技术,通过基于施工模型的深化设计以及场布、施组、进度、材料、设备、质量、安全、竣工验收等管理应用,实现施工现场信息高效传递和实时共享,提高施工管理水平。

(1) 技术内容

a. 深化设计。基于施工 BIM 模型,结合施工操作规范与施工工艺,进行建筑、结构、机电设备等专业的综合碰撞检查,解决各专业碰撞问题,完成施工优化设计,完善施工模型,提升施工各专业的合理性、准确性和可校核性。

b. 场布管理。基于施工 BIM 模型,对施工各阶段的场地地形、既有设施、周边环境、施工区域、临时道路及设施、加工区域、材料堆场、临水临电、施工机械、安全文明施工设施等进行规划布置和分析优化,以实现场地布置科学合理。

c. 施组管理。基于施工 BIM 模型,结合施工工序、工艺等要求,进行施工过程的可视化模拟,并对方案进行分析和优化,提高方案审核的准确性,实现施工方案的可视化交底。

d. 进度管理。基于施工 BIM 模型,通过计划进度模型(可以通过 Project 等相关软件编制进度文件生成进度模型)和实际进度模型的动态链接,进行计划进度和实际进度的对比,找出差异,分析原因,BIM 4D 进度管理可直观地实现对项目进度的虚拟控制与优化。

e. 材料、设备管理。基于施工 BIM 模型,可动态分配各种施工资源和设备,并输出相应的材料、设备需求信息,并与材料、设备实际消耗信息进行比对,实现施工过程中材料、设备的有效控制。

f. 质量、安全管理。基于施工 BIM 模型,对工程质量、安全关键控制点进行模拟仿真以及方案优化。利用移动设备对现场工程质量、安全进行检查与验收,实现质量、安全管理的动态跟踪与记录。

g. 竣工验收管理。基于施工 BIM 模型,将竣工验收信息添加到模型,并按照竣工要求进行修正,进而形成竣工 BIM 模型,作为竣工资料的重要参考依据。

(2) 技术指标

a. 基于 BIM 技术在设计模型基础上,结合施工工艺及现场管理需求进行深化设计和调整,形成施工 BIM 模型,实现 BIM 模型在设计与施工阶段的无缝衔接。

b. 运用的 BIM 技术应具备可视化、可模拟、可协调等能力,实现施工模型与施工阶段实际数据的关联,进行建筑、结构、机电设备等各专业在施工阶段的综合碰撞检查、分析和模拟。

c. 采用的 BIM 施工现场管理平台应具备角色管控、分级授权、流程管理、数据管理、模型展示等功能。

d. 通过物联网技术自动采集施工现场实际进度的相关信息，实现与项目计划进度的虚拟比对。

e. 利用移动设备，可即时采集图片、视频信息，并能自动上传到 BIM 施工现场管理平台，责任人员在移动端即时得到整改通知、整改回复的提醒，实现质量管理任务在线分配、处理过程及时跟踪的闭环管理等。

f. 运用 BIM 技术，实现危险源的可视标记、定位、查询分析。对安全围栏、标识牌、遮拦网等需要进行安全防护和警示的地方在模型中进行标记，提醒现场施工人员安全施工。

g. 应具备与其他系统进行集成的能力。

（3）适用范围

本技术适用于建筑工程项目施工阶段的深化、场布、施组、进度、材料、设备、质量、安全等业务管理环节的现场协同动态管理。

2. 基于大数据的项目成本分析与控制信息技术

基于大数据的项目成本分析与控制信息技术，是利用项目成本管理信息化和大数据技术更科学和有效地提升工程项目成本管理水平和管控能力的技术。通过建立大数据分析模型，充分利用项目成本管理信息系统积累的海量业务数据，按业务板块、地区、重大工程等维度进行分类、汇总，对工、料、机等核心成本要素进行分析，挖掘出关键成本管控指标并利用其进行成本控制，从而实现工程项目成本管理的过程管控和风险预警。

（1）技术内容

①项目成本管理信息化的主要技术内容

a. 项目成本管理信息化技术是要建设包含收入管理、成本管理、资金管理和报表分析等功能模块的项目成本管理信息系统。

b. 收入管理模块应包括业主合同、验工计价、完成产值和变更索赔管理等功能，实现业主合同收入、验工收入、实际完成产值和变更索赔收入等数据的采集。

c. 成本管理模块应包括价格库、责任成本预算、劳务分包、专业分包、机械设备、物资管理、其他成本和现场经费管理等功能，具有按总控数量对工、料、机的业务发生数量进行限制，按各机构、片区和项目限价对工、料、机采购价格进行管控的能力，能够编制预算成本和采集劳务、物资、机械、其他、现场经费等实际成本数据。

d. 资金管理模块应包括债务支付集中审批、支付比例变更、财务凭证管理等功能，具有对项目部资金支付的金额和对象进行管控的能力，实现应付和实付资金数据的采集。

e. 报表分析模块应包括工、料、机等各类业务台账和常规业务报表，并具备对劳务、物资、机械和周转料的核算功能，能够实时反映施工项目的总体经营状态。

②成本业务大数据分析技术的主要技术内容

a. 建立项目成本关键指标关联分析模型。

b. 实现对工、料、机等工程项目成本业务数据按业务板块、地理区域、组织架构和重大工程项目等分类的汇总和对比分析，找出工程项目成本管理的薄弱环节。

c. 实现工程项目成本管理价格、数量、变更索赔等关键要素的趋势分析和预警。

d. 采用数据挖掘技术形成成本管理的"量、价、费"等关键指标，通过对关键指标的控制，实现成本的过程管控和风险预警。

e. 应具备与其他系统进行集成的能力。

（2）技术指标

①采用大数据采集技术，建立项目成本数据采集模型，收集成本管理系统中存储的海量成本业务数据。

②采用数据挖掘技术，建立价格指标关联分析模型，以地区、业务板块和业务发生时点为主要维度，结合政策调整、价格变化等相关社会经济指标，对劳务、物资和机械等成本价格进行挖掘，提取适合各项目的劳务分包单价、物资采购价格、机械租赁单价等数据，并输出到成本管理系统中作为项目成本的控制指标。

③采用可视化分析技术，建立项目成本分析模型，从收入与产值、预算成本与实际成本、预计利润与实际利润等多个角度对项目成本进行对比分析，对成本指标进行趋势分析和预警。

④采用分布式系统架构设计，降低并发量，提高系统可用性和稳定性。采用 B/S 和 C/S 模式相结合的技术，使 Web 端实现业务单据的流转审批，使用离线客户端实现数据的便捷、快速处理。

⑤通过系统的权限控制体系限定用户的操作权限和可访问的对象。系统应具备身份鉴别、访问控制、会话安全、数据安全、资源控制、日志与审计等功能，防止信息在传输过程中被抓包窜改。

(3) 适用范围

本技术适用于加强项目成本管控的工程建设项目。

3. 基于云计算的电子商务采购技术

基于云计算的电子商务采购技术是指通过云计算技术与电子商务模式的结合，搭建基于云服务的电子商务采购平台，针对工程项目的采购寻源业务，统一采购资源，实现企业集约化、电子化采购，创新工程采购的商业模式。平台功能主要包括：采购计划管理、互联网采购寻源、材料电子商城、订单送货管理、供应商管理、采购数据中心等。通过平台应用，可聚合项目采购需求，优化采购流程，提高采购效率，降低工程采购成本，实现阳光采购，提高企业经济效益。

(1) 技术内容

a. 采购计划管理。系统可根据各项目提交的采购计划，实现自动统计和汇总，下发形成采购任务。

b. 互联网采购寻源。采购方可通过聚合多项目采购需求，自动发布需求公告，并获取多家报价进行优选，供应商可进行在线报名响应。

c. 材料电子商城。采购方可以针对项目大宗材料、设备进行分类查询，并直接下单。供应商可通过移动终端设备获取订单信息，进行供货。

d. 订单送货管理。供应商可根据物资送货要求，进行物流发货，并可以通过移动端记录物流情况。采购方可通过移动端实时查询到货情况。

e. 供应商管理。提供合格供应商的审核和注册功能，并对企业基本信息、产品信息及价格信息进行维护。采购方可根据供货行为对供应商进行评价，形成供应商评价记录。

f. 采购数据中心。提供材料设备基本信息库、市场价格信息库、供应商评价信息库等的查询服务。通过采购业务数据的积累，对以上各类信息库进行实时自动更新。

(2) 技术指标

a. 通过搭建云基础服务平台，实现系统负载均衡、多机互备、数据同步及资源弹性调度等机制。

b. 具备符合要求的安全认证、权限管理等功能，同时提供工作流引擎，实现流程的可配置化及与表单的可集成化。

c. 应提供规范统一的材料设备分类与编码体系、供应商编码体系和供应商评价体系。

d. 可通过统一信用代码校验及手机号码校验，确认企业及用户信息的一致性和真实性。云平台需通过数字签名系统验证用户登录信息，对用户账户信息及投标价格信息进行加密存储，通过系统日志自动记录采购行为，以提高系统安全性及法律保障。

e. 应支持移动终端设备实现供应商查询、在线下单、采购订单跟踪查询等应用。

f. 应实现与项目管理系统需求计划、采购合同的对接，以及与企业 OA 系统的采购审批流程对接，还应提供与其他相关业务系统的标准数据接口。

（3）适用范围

本技术适用于建筑工程实施过程中的采购业务环节。

4. 基于互联网的项目多方协同管理技术

基于互联网的项目多方协同管理技术是以计算机支持协同工作理论为基础，以云计算、大数据、移动互联网和 BIM 等技术为支撑，构建多方参与的协同工作信息化管理平台。通过工作任务协同管理、质量和安全协同管理、项目图档协同管理、项目成果物的在线移交和验收管理、在线沟通服务，解决项目图档混乱、数据管理标准不统一等问题，实现项目各参与方之间信息共享、实时沟通，提高项目多方协同管理水平。

（1）技术内容

a. 工作任务协同。在项目实施过程中，将总包方发布的任务清单及工作任务完成情况的统计分析结果实时分享给投资方、分包方、监理方等项目相关参与方，实现多参与方对项目施工任务的协同管理和实时监控。

b. 质量和安全协同。能够实现总包方对质量、安全的动态管理和限期整改问题自动提醒。利用大数据进行缺陷事件分析，通过订阅和推送的方式为多参与方提供服务。

c. 项目图档协同。项目各参与方基于统一的平台进行图档审批、修订、分发、借阅，施工图纸文件与相应 BIM 构件进行关联，实现可视化管理。对图档文件进行版本管理，项目相关人员通过移动终端设备可以随时随地查看最新的图档。

d. 项目成果物的在线移交和验收。各参与方在项目设计、采购、实施、运营等阶段通过协同平台进行成果物的在线编辑、移交和验收，并自动归档。

e. 在线沟通服务。利用即时通信工具，增强各参与方沟通能力。

（2）技术指标

a. 采用云模式及分布式架构部署协同管理平台，支持基于互联网的移动应用，实现项目文档快速上传和下载。

b. 应具备即时通信功能，统一身份认证与访问控制体系，实现多组织、多用户的统一管理和权限控制，提供海量文档加密存储和管理能力。

c. 针对工程项目的图纸、文档等进行图形、文字、声音、照片和视频的标注。

d. 应提供流程管理服务，符合业务流程与标注（BPMN）2.0 标准。

e. 应提供任务编排功能，支持父子任务设计，方便逐级分解和分配任务，支持任务推送和自动提醒。

f. 应提供大数据分析功能，支持质量、安全缺陷事件的分析，防范质量、安全风险。

g. 应具备与其他系统进行集成的能力。

（3）适用范围

本技术适用于工程项目多参与方的跨组织、跨地域、跨专业的协同管理。

5. 基于移动互联网的项目动态管理信息技术

基于移动互联网的项目动态管理信息技术是指综合运用移动互联网技术、全球卫星定位技术、视频监控技术、计算机网络技术，对施工现场的设备调度、计划管理、安全质量管理等环节进行信息即时采集、记录和共享，满足现场多方协同需要，通过数据的整合分析实现项目动态实时管理，规避项目过程中的各类风险。

（1）技术内容

a. 设备调度。运用移动互联网技术，通过对施工现场车辆运行轨迹、频率、卸点位置、物料类别等信息的采集，完成路径优化，实现智能调度管理。

b. 计划管理。根据施工现场的实际情况，对施工任务进行细化分解，并监控任务进度完成情况，实现工作任务合理在线分配及施工进度的控制与管理。

c. 安全质量管理。利用移动终端设备，对质量、安全巡查中发现的质量问题和安全隐患进行影音数据采集和自动上传，整改通知、整改回复自动推送到责任人员，实现闭环管理。

d. 数据管理。通过信息平台准确生成和汇总施工各阶段工程量、物资消耗等数据，实现数据自动归集、汇总、查询，为成本分析提供及时、准确的数据。

（2）技术指标

a. 应用移动互联网技术，实现在移动端对施工现场设备进行安全、高效的统一调配和管理。

b. 结合 LBS 技术通过对移动轨迹采集和定位，实现移动端自动采集现场设备工作轨迹和工作状态。

c. 建立协同工作平台，实现多专业数据共享，实现安全质量标准化管理。

d. 具备与其他管理系统进行数据集成共享的功能。

e. 系统应符合《计算机信息系统安全保护等级划分准则》（GB 17859）第二级的保护

要求。

（3）适用范围

本技术适用于施工作业设备多、生产和指挥管理复杂、难度大的建设项目。

6. 基于物联网的工程总承包项目物资全过程监管技术

基于物联网的工程总承包项目物资全过程监管技术是指利用信息化手段建立从工厂到现场的"仓到仓"全链条一体化物资、物流、物管体系。通过手持终端设备和物联网技术，实现装卸、运输、仓储等整个物流供应链信息的一体化管控，实现项目物资、物流、物管的高效、科学、规范的管理，解决传统模式下无法实时、准确地进行物流跟踪和动态分析的问题，从而提升工程总承包项目物资全过程监管水平。

（1）技术内容

a. 建立工程总承包项目物资全过程监管平台，实现编码管理、终端扫描、报关审核、节点控制、现场信息监控等功能，同时支持单项目统计和多项目对比，为项目经理和决策者提供物资全过程监管支撑。

b. 编码管理。以合同价格清单（Bill of Quotation，BOQ）为基础，采用统一编码标准，包括设备的电厂标识系统（Kraftwerk-Kennzeichen System，KKS）编码、部套编码、物资编码、箱件编码、工厂编号及图号编码，并自动生成可供物联网设备扫描的条形码，实现业务快速流转，减少人为差错。

c. 终端扫描。在各个运输环节，通过手持智能终端设备，对条形码进行扫码，并上传工程总承包项目物资全过程监管平台，通过物联网数据的自动采集，实现装卸、运输、仓储等整个物流供应链信息共享。

d. 报关审核。建立报关审核信息平台，完善企业物资海关编码库，适应新形势下海关无纸化报关要求，规避工程总承包项目物资货量大、发船批次多、清关延误等风险，保证各项出口物资的顺利通关。

e. 节点控制。根据工程总承包计划设置物流运输时间控制节点，包括海外海运至发货港口、境内陆运至车站、报关通关、物资装船、海上运输、物资清关、陆地运输等，明确运输节点的起止时间，以便工程总承包项目物资全过程监管平台根据物联网扫码结果，动态分析偏差，并进行预警。

f. 现场信息监控。建立现场物资仓储平台，通过运输过程中物联网数据的更新，实时动态监管物资的发货、运输、集港、到货、验收等环节，以便现场进行合理安排项目进度计划，实现物资全过程闭环管理。

(2) 技术指标

a. 建立统一的工程总承包项目物资全过程监管平台，运用大数据分析、工作流和移动应用等技术，实现多项目管理，相关人员可通过手机随时获取信息，同时支持云部署、云存储模式，支持多方协同，业务上下贯通，逻辑上分管理策划层、业务标准化层、数据共享层三层结构。

b. 采用定制移动终端，实现远距离（>5 m）条码扫描，监听手持设备扫描数据，通过https安全协议，使终端数据快速、直接、安全送达服务器，实现货物远距离快速清点和物流状态实时更新。

c. 以条形码作为唯一身份编码形式，并将打印的条码贴至箱件，扫码时，系统自动进行校验，实现各运输环节箱件内物资的快速核对。

d. 通过卫星定位技术和物联网条码技术，实现箱件位置的快速定位和箱件内物资的快速查找。

e. 将规划好的推送逻辑、时机、目标置入系统，实时监听物联网数据获取状态并进行对比分析，满足触发条件，自动通过待办任务、邮件、微信、短信等形式推送相关方，并进行预警提醒，对未确认的提醒，可设定重复发送周期。

f. 支持离线应用，可采用离线工具实现数据采集。在联网环境下，自动同步到服务器或者通过邮件发送给相关方进行导入。

g. 具备与其他管理系统进行数据集成共享的功能。

(3) 适用范围

本技术适用于国内外工程总承包项目物资的物流、物管。

7. 基于物联网的劳务管理信息技术

基于物联网的劳务管理信息技术是指利用物联网技术，集成各类智能终端设备对建设项目现场劳务工人实现高效管理的综合信息化系统。系统能够实现实名制管理、考勤管理、安全教育管理、视频监控管理、工资监管、后勤管理以及基于业务的各类统计分析等，提高项目现场劳务用工管理能力、辅助提升政府对劳务用工的监管效率，保障劳务工人与企业利益。

(1) 技术内容

a. 实名制管理。实现劳务工人进场实名登记、基础信息采集、通行授权、黑名单鉴别、人员年龄管控、人员合同登记、职业证书登记以及人员退场管理。

b. 考勤管理。利用物联网终端门禁等设备，对劳务工人进出指定区域通行信息自动采集，统计考勤信息，能够对长期未进场人员进行授权自动失效和再次授权管理。

c. 安全教育管理。能够记录劳务工人安全教育记录，在现场通行过程中对未参加安全教育人员限制通过；可以利用手机设备登记人员安全教育等信息，实现安全教育管理移动应用。

d. 视频监控管理。能够对通行人员人像信息自动采集并与登记信息进行人工比对，能够及时查询采集记录；能实时监控各个通道的人员通行行为，并支持远程监控查看及视频监控资料存储。

e. 工资监管。能够记录和存储劳务分包队伍劳务工人工资发放记录，也能对接银行系统实现工资发放流水的监控，保障工资支付到位。

f. 后勤管理。能够对劳务工人进行住宿分配管理，也能实现一卡通在项目中的消费应用。

g. 统计分析。能基于过程记录的基础数据，提供政府标准报表，实现劳务工人地域、年龄、工种、出勤数据等统计分析，同时能够提供企业需要的各类格式报表定制。利用手机设备可以实现劳务工人信息查询、数据实时统计分析查询。

（2）技术指标

a. 应将劳务实名制信息化管理的各类物联网设备进行现场组网运行，并与互联网相连。

b. 基于物联网的劳务管理系统，应具备符合要求的安全认证、权限管理、表单定制等功能。

c. 系统应提供与物联网终端设备的数据接口，实现对身份证阅读器、视频监控设备、门禁设备、通行授权设备、工控机等设备的数据采集与控制。

d. 门禁方式可采用 IC 卡闸机门禁、人脸或虹膜识别闸机门禁、二维码闸机门禁、RFID 无障碍通行等。IC 卡及读写设备要符合 ISO/IEC 14443 协议相关要求、RFID 卡及读写设备应符合 IOS 15693 协议相关要求。单台人脸或虹膜识别设备最少支持存储 1 000 条人脸或虹膜信息；闸机通行不低于 30 人/min（采用人脸或虹膜生物识别通行不低于 10 人/min）；如采用半高转闸和全高转闸，应设立安全疏散通道。

e. 可对现场人员进出的项目划设区域进行授权管理，不同授权人员只能通行对应的区域。

f. 门禁控制器应能记录进出场人员信息，统计进出场时间，并实时传输到云端服务器；应能支持断网工作，数据可在网络恢复以后及时上传；断电设备无法工作，但已采集记录数据可以保留 30 天。

g. 能够进行统一的规则设置,可以实现对人员年龄超龄控制、黑名单管控规则、长期未进场人员控制、未接受安全教育人员控制,可以由企业统一设置,也可以由各项目灵活配置。

h. 能及时(延时不超过 3 min)统计项目劳务用工相关数据,企业可以实现多项目的统计分析。

i. 能够通过移动终端设备实现人员信息查询、安全教育登记、查看统计分析数据、远程视频监控等实时应用。

j. 具备与其他管理系统进行数据集成共享的功能。

(3) 适用范围

本技术适用于加强对施工现场劳务工人管理的项目。

8. 基于 GIS 和物联网的建筑垃圾监管技术

基于 GIS 和物联网的建筑垃圾监管技术是指高度集成射频识别、车牌识别系统、卫星定位系统、地理信息系统、移动通信等技术,针对施工现场建筑垃圾进行综合监管的信息平台。该平台通过对施工现场建筑垃圾的申报、识别、计量、运输、处置、结算、统计分析等环节的信息化管理,可为过程监管及环保政策研究提供翔实的分析数据,有效推动建筑垃圾的规范化、系统化、智能化管理,全方位、多角度提升建筑垃圾的管理水平。

(1) 技术内容

a. 申报管理。实现建筑垃圾基本信息、排放量信息和运输信息等的网上申报。

b. 识别、计量管理。利用摄像头对车载建筑垃圾进行抓拍,通过与建筑垃圾基本信息比对分析,实现建筑垃圾分类识别、称重计量,自动输出二维码标签。

c. 运输监管。利用卫星定位系统和 GIS 技术实现对建筑垃圾运输进行跟踪监控,确保按照申报条件中的运输路线进行运输。利用物联网传感器实现对垃圾车辆防护措施进行实时监控,确保运输途中不随意遗留抛撒。

d. 处置管理。利用摄像头对建筑垃圾倾倒过程进行监控,确保垃圾倾倒在指定地点。

e. 结算。对应垃圾处理中心的垃圾分类,本技术自动产生电子结算单据,确保按时结算,并能对结算情况进行查询。

f. 统计分析。通过对建筑垃圾总量、分类总量、计划量的自动统计,与实际外运量进行对比分析,防止瞒报、漏报等现象。利用多项目历史数据进行大数据分析,找到相似类型项目建筑垃圾产生量的平均值,为后续项目的建筑垃圾管理提供参考。

(2) 技术指标

a. 车辆识别。利用车牌识别技术自动采集并甄别车辆牌照信息。

b. 建筑垃圾分类识别。通过制卡器向射频识别（RFID）有源卡写入相应建筑垃圾类型等信息。利用项目和处理中心的地磅处阅读器自动识别目标对象并获取垃圾类型信息，摄像头抓拍建筑垃圾照片，并将垃圾类型信息和抓拍信息上传至计算机进行分析比对，确定是否放行。

c. 监控管理平台。利用GIS、卫星定位系统和移动应用技术建立运输跟踪监控系统，企业总部或地方政府主管部门可建立远程监控管理平台并与运输监控系统对接，通过对运输路径、车辆定位等信息的动态化、可视化监控，实现对建筑垃圾的全过程监管。

d. 具备与相关系统集成的能力。

(3) 适用范围

本技术适用于建筑垃圾资源化处理程度较高城市的建筑工程，桩基及基坑围护结构阶段可根据具体情况选用。

9. 基于智能化的装配式建筑产品生产与施工管理信息技术

基于智能化的装配式建筑产品生产与施工管理信息技术，是在装配式建筑产品生产和施工过程中，应用BIM、物联网、云计算、工业互联网、移动互联网等信息化技术，实现装配式建筑的工厂化生产、装配化施工、信息化管理。通过对装配式建筑产品生产过程中的深化设计、材料管理、产品制造环节进行管控，以及对施工过程中的产品进场管理、现场堆场管理、施工预拼装管理环节进行管控，实现生产过程和施工过程的信息共享，确保生产环节的产品质量和施工环节的效率，提高装配式建筑产品生产和施工管理的水平。

(1) 技术内容

a. 建立协同工作机制，明确协同工作流程和成果交付内容，并建立与之相适应的生产、施工全过程管理信息平台，实现跨部门、跨阶段的信息共享。

b. 深化设计。依据设计图纸结合生产制造要求建立深化设计模型，并将模型交付给制造环节。

c. 材料管理。利用物联网条码技术对物料进行统一标识，通过对材料"收、发、存、领、用、退"全过程的管理，实现可视化的仓储堆垛管理和多维度的质量追溯管理。

d. 产品制造。统一人员、工序、设备等编码，按产品类型建立自动化生产线，对设备进行联网管理，能按工艺参数执行制造工艺，并反馈生产状态，实现生产状态的可视化管理。

e. 产品进场管理。利用物联网条码技术可实现产品质量的全过程追溯,可在 BIM 模型中按产品批次查看产品进场进度,实现可视化管理。

f. 现场堆场管理。利用物联网条码技术对产品进行统一标识,合理利用现场堆场空间,实现产品堆垛管理的可视化。

g. 施工预拼装管理。利用 BIM 技术对产品进行预拼装模拟,减少并纠正拼装误差,提高装配效率。

(2) 技术指标

a. 管理信息平台能对深化设计、材料管理、生产工序的情况进行集中管控,能在施工环节中利用生产环节的相关信息对产品生产质量进行监管,并能通过施工预拼装管理提高施工装配效率。

b. 在深化设计环节按照各专业(如预制混凝土、钢结构等)深化设计标准(要求)统一产品编码,采用专业深化设计软件开展深化设计工作,达到生产要求的设计深度,并向下游交付。

c. 在材料管理环节按照各专业(如预制混凝土、钢结构等)物料分类标准(要求)统一物料编码。进行材料"收、发、存、领、用、退"全过程信息化管理,应用物联网条码、RFID 条码等技术绑定材料和仓库库位,采用扫描枪、手机等移动设备实现现场条码信息的采集,依据材料仓库仿真地图实现材料堆垛可视化管理,通过对材料的生产厂家、尺寸外观、规格型号等多维度信息的管理,实现质量控制的可追溯。

d. 在产品制造环节按照各专业(如预制混凝土、钢结构等)生产标准(要求)统一人员、工序、设备等编码。制造厂应用工业互联网建立网络传输体系,能支持到工序层级的设备层面,实现自动化的生产制造。

e. 采用 BIM 技术、计算机辅助工艺规划、工艺路线仿真等工具制作工艺文件,并能将工艺参数通过制造厂工业物联网体系传输给对应设备(如将切割程序传输给切割设备),各工序的生产状态可通过人员报工、条码扫描或设备自动采集等手段进行采集上传。

f. 在产品进场管理环节应用物联网技术,采用扫描枪、手机等移动设备扫描产品条码、RFID 条码,将产品信息自动传输到管理信息平台,进行产品质量的可追溯管理;并可按照施工安装计划在 BIM 模型中直观查看各批次产品的进场状态,对项目进度进行管控。

g. 在施工预拼装管理环节采用 BIM 技术对需要预拼装的产品进行虚拟预拼装分析,通过模型或者输出报表等方式查看拼装误差,在地面完成偏差调整,降低预拼装成本,提高装配效率。

　　h. 可采取云部署的方式，提高信息资源的利用率，降低信息资源的使用成本。

　　i. 应具备与相关信息系统集成的能力。

　　(3) 适用范围

　　本技术适用于装配式建筑产品（如钢结构、预制混凝土、木结构等）生产过程中的深化设计、材料管理、产品制造环节，以及施工过程中的产品进场管理、现场堆场管理、施工预拼装管理环节。

（二）楼宇设备及系统智能化控制技术

　　楼宇设备智能化控制技术是采用先进的计算机技术和网络通信技术结合而成的自动控制方法，其目的在于使楼宇建造和运行中的各种设备系统高效运行，合理管理资源，并自动节约资源。因此，楼宇设备及系统智能化控制技术是绿色建造技术发展的重要领域，在绿色施工中应该选用节能降耗性能好的楼宇设备，开发能源和资源节约效率高的智能控制技术并广泛应用于各类建筑工程项目中。

（三）装配式建造技术

　　装配式建造技术是在专用工厂预制好构件，然后在施工现场进行构件组装的建造模式，是我国建筑工业化技术的重要组成部分，也是建筑工程建造技术发展的主题之一。装配式建造技术有利于提高生产率，减少施工人员，节约能源和资源，可保证建筑工程质量，更符合"四节一环保"要求，与国家可持续发展的原则一致。装配式建造技术包括施工图设计与深化、精细化制造、质量保持、现场安装及连接点的处理等技术。

（四）多功能高性能混凝土技术

　　混凝土是建筑工程使用最多的材料，混凝土性能的研发改进对绿色建造的推动具有重要作用。多功能混凝土包括轻型高强度混凝土、透光混凝土、加气混凝土、植生混凝土、防水混凝土和耐火混凝土等。高性能混凝土要求具备强度高、强度增长受控、可泵性好、和易性好、热稳定性好、耐久性好、不离析等性能。多功能高性能混凝土是混凝土发展的方向，符合绿色建造的要求，所以应从混凝土性能和配比、搅拌和养护等方面加以控制研发并推广应用。

（五）高强度钢与预应力结构等新兴结构开发应用技术

绿色建造的推进应鼓励高强度钢的广泛应用，宜高度关注与推广预应力结构和其他新型结构体系的应用。一般情况下，该类型结构具有节约材料、减小结构截面尺寸、降低结构自重等优点，有助于绿色建造的推进和实施，但可能同时存在生产工艺较为复杂、技术要求高等不足。突破新型结构体系开发的重大难点，建立新型结构成套技术是绿色建造发展的一大主题。

（六）建筑材料与施工机械绿色性能评价及选用技术

选用绿色性能好的建筑材料与施工机械是推进绿色建造的基础。因此，绿色材料和施工机械绿色性能评价及选用技术是绿色建造实施的基础条件，其重点和难点在于采用统一、简单、可行的指标体系对施工现场各式各样的建筑材料和施工机械进行绿色性能评价，从而方便施工现场选取绿色性能相对优良的建筑材料和施工机械。建筑材料绿色评价可注重废渣、废水、废气、粉尘和噪声的排放，以及废渣、水资源、能源、材料资源的利用和施工效率等指标，施工机械绿色性能评价可重点关注工作效率、油耗、电耗、尾气排放和噪声等关键性指标。

（七）新型模架开发及应用技术

模架体系是混凝土施工的重要工具，其便捷程度和重复利用程度对施工效率和材料资源节约等有重要影响。新型模架结构包括自锁式、轮扣式、承插式支架或脚手架，钢模板、塑料模板、铝合金模板、轻型钢框模板及大型自动提升工作平台、水平滑移模架体系、钢木组合龙骨体系、薄壁型钢龙骨体系、木质龙骨体系等。开发新型模架及配套的应用技术，探索建立建筑模架产、供、销一体化，以及专业化服务体系、供应体系和评价体系，可为建筑模架工程的节材、高效、安全提供保障，也可为建筑工程的绿色建造提供技术支持。

（八）现场废弃物减量化及回收再利用技术

我国建筑废弃物数量已经占到城市垃圾总量的1/3左右，建筑废弃物的无序堆放，不但侵占了宝贵的土地资源、耗费了大量资金，而且清运和堆放过程中的遗撒和粉尘、灰尘飞扬等问题又造成了严重的环境污染。因此，现场废弃物的减量化和回收再利用技术是绿色建造技术发展的核心主题。现场废弃物的处置应遵循减量化、再利用、资源化的原则，要开发并应用建筑垃圾减量化技术，从源头上减少建筑垃圾的产生。当无法避免产生时，应立足现场分类、回收和再利用技术研究，最大限度地对建筑垃圾进行回收和循环利用。对于不能再利用的废弃物应本着资源化处理的思路，分类排放，充分利用或进行集中无害化处理。

（九）人力资源保护和高效使用技术

建筑业是劳动密集型产业，应坚持"以人为本"的原则，以改善作业条件、降低劳动强度、高效利用人力资源为重要目标，对施工现场作业、工作和生活条件进行改造，进行管理技术研究，减少劳动力浪费，积极推行"四新"技术，进行新技术、新工艺、新材料、新设备的研究，提升现场机械化、装配化水平，强化劳动保护措施，把人力资源保护和高效实用的发展主题落到实处。

二、绿色建造技术发展要点

绿色建造技术的研发要求：一是通过自主创新和引进消化再创新，瞄准机械化、工业化和信息化建造的发展方向，进行绿色建造技术创新研究以提高绿色施工水平；二是绿色示范工程的实施与推广，形成一批对环境有重大改善作用、应用快捷、成本可控的地基基础、结构主体、装饰装修以及机电安装工程的绿色建造技术，全面指导面上的绿色建造；三是要加快技术的集成，研究形成基于各类工程项目的成套技术成果，提高工作效率；要发展符合绿色建造的资源高效利用与环境保护技术，对传统的施工图设计技术和施工技术进行绿色审视；鼓励绿色建造技术的发展以推动绿色建造技术的创新，应至少涵盖但不限于节材与材料资源利用技术、节水与水资源利用技术、节能与能源利用技术、节地与施工用地保护技术以及环境保护技术等五方面；此外，还应该包括人力资源保护和高效使用技术及符合绿色建造理念的"四新"技术。

（一）节材与材料资源利用技术

房屋建筑工程建筑材料及设备造价占到2/3左右，因此，材料资源节约技术是绿色建造技术研究的重要方面。材料资源节约技术研究的重点是材料资源的高效利用问题，最大限度地应用现浇混凝土技术、商品混凝土技术、钢筋加工配送技术和支撑模架技术以及减少建筑垃圾与回收利用技术等，以上都应该成为保护资源、厉行节约管理和技术研究的重要方向。

（二）节水与水资源利用技术

我国是平均水资源最贫乏的国家之一，施工节水和水资源的充分利用是急需解决的技术难题。据初步统计，混凝土的搅拌与养护用水为10亿多吨，自来水的使用率接近90%，同时开采了大量地下水资源，加剧了我国水资源紧缺的状况。因此，水资源节约技术是绿色建造技术中不可忽视的一个方面，应着重水资源高效利用、高性能混凝土和混凝土无水养护以及基坑降水利用等技术研究。

（三）节能与能源利用技术

节能与能源利用技术是绿色建造技术中需要坚持贯彻的一个方面，应着重于建造过程中的降低能耗技术、能源高效利用技术和可再生能源开发利用技术的研究。推进建筑节能应从热源、管网和建筑被动节能进行系统考虑，优先选择和利用可再生资源，提高现场临时建筑的隔热保温性能，提高能源利用率，选择绿色性能优异的施工机械并提高机械设备的满载率，避免空荷载运行，以最大限度地节约能源和资源。

（四）节地与土地资源保护技术

节地和土地资源保护技术应注重施工现场临时用地的保护技术和施工现场平面图的合理布局与科学利用，还要注重施工现场临时用地高效利用的技术，以期最大限度地有效利用土地资源。

（五）人力资源保护和高效使用技术

坚持"以人为本"的原则，以改善作业条件、降低劳动强度、高效利用人力资源为重要目标，对施工现场作业、工作和生活条件进行改造，同时进行管理技术研究以减少劳动力浪费，积极推行"四新"技术，改善施工现场繁重的体力劳动现状，提升现场机械化、装配化水平，强化劳动保护措施，把人力资源保护和高效使用技术的发展要求落到实处。

（六）符合绿色建造理念的"四新"技术

对于符合绿色建造理念的新技术、新工艺、新材料、新设备，还应该广泛研究、推广和应用，包括水泥粉煤灰压碎石桩复合地基技术、智能化气压沉箱技术、建筑成品钢筋制品加工与配送技术、清水混凝土模板技术、模块式钢结构框架组装和吊装技术、供热计量技术等；特别要重点推广建筑工业化技术、BIM 信息化施工技术、人力资源保护和高效使用技术以及施工环境监测与控制技术等诸多符合实际需要的"四新"技术。

三、绿色施工技术研究及发展

（一）绿色施工技术研究

绿色施工技术研究应着重从两方面进行：一是传统施工工艺技术（建筑材料和施工机具）的绿色性能辨识技术研究，二是绿色施工专项技术的创新研究。

1. 传统施工技术的绿色化审视与改造

传统施工的既定目标主要是工期、质量、安全和企业自身的成本控制等方面，而环境保护的目标由于各种原因而常被忽视。因此，传统的施工技术方法往往缺乏对环境影响的关注。而绿色施工的实施，必然随着对传统施工技术、建筑材料和施工机具绿色性能的系列辨识和改造要求。因此，在工程实践的基础上，对传统施工技术、建筑材料和施工机具进行绿色性能审视，进一步依据绿色施工理念对不符合绿色要求的技术环节或相关性能进行绿色改造，放弃造成污染排放的工艺技术方法，改良影响人身安全和身心健康的建筑材料、施工设备的性能，保护资源和提升资源利用率，是绿色施工必须关注的重点领域。当前，全国已有许多地区针对传统的施工方法提出了不少卓有成效的技术改造方案，比如，基坑封闭降水技术就是针对我国水资源短缺的现状对基坑施工有效的技术改造，基坑封闭降水的施工方法是在基底和基坑侧壁采取截水措施，这样对基坑以外的地下水位不产生影响；尽管该方法采取的封闭措施增加了施工成本，但是对于保护地下水资源，避免因基坑降水造成地面沉降的附加损失具有举足轻重的作用。

当前，绿色施工对建筑工程传统施工技术的绿色化审视与改造的范畴主要涵盖地基基础、混凝土结构工程、砌体工程、防水工程、屋面工程、装饰装修工程、给排水与采暖工程、通风与空调工程、电梯工程及与此相关的许多分部分项工程。建筑材料的绿色化审视与改造可集中对钢材、水泥、装饰材料及其他主要建筑材料的绿色审视。施工机具的绿色化审视与改造则主要包括垂直运输设备、推土机和脚手架等主要施工机具的绿色性能审视与改造。

2. 绿色施工专项创新技术

绿色施工专项创新技术是针对建筑工程施工过程中影响绿色施工的关键工艺和技术环节，采取创新性思维方式，在广泛调查研究的基础上，采取原始创新、集成创新和引进、消化、吸收、再创新的方法以期取得突破性的创新技术成果。绿色施工专项创新技术研究应从保护环境、保护资源和高效利用资源做起，改善作业条件，最大限度地实现机械化、工业化和信息化施工，具体应立足管网工程环保型施工、基坑施工封闭降水、自流平地面、临时设施标准化、现场废弃物综合利用、建筑外围护保温施工和无损检测等方面实施。目前，国内已经涌现出了不少类似的创新成果，例如，建筑信息模型技术（BIM技术），可用于施工行业的改造、消耗和吸收；国内建筑企业结合国内实际，以项目安全、质量、成本、进度和环境保护等目标控制为基础，积极进行开发研究，逐步形成了自己的建筑信息模型技术的集成平台，能够实现施工过程中资源采购和管理，实现资源消耗、污染排放的监控，施工技术方法的模拟和优化，能够对施工的资源进行动态信息跟踪，实现定量的动态管理等功能，达到高效低耗的目的。例如TCC建筑保温模板体系是将传统的模板技术与保温层施工统筹考虑，在需要保温的一侧用保温板代替模板，另一侧采用传统模板配合使用，形成了保温板与模板一体化体系；该模板拆除后结构层与保温层形成整体，从而大大简化了施工工艺，确保了施工质量，降低了施工成本，是一项绿色施工专项创新技术的典型应用。

（二）绿色施工的新技术

绿色施工技术是指在工程建设过程中，能够使施工过程实现"四节一环保"目标的具体施工技术。

1. 封闭降水及水收集综合利用技术

（1）基坑施工封闭降水技术

①技术内容

基坑封闭降水是指在坑底和基坑侧壁采用截水措施，在基坑周边形成止水帷幕，阻截基坑侧壁及基坑底面的地下水流入基坑，在基坑降水过程中对基坑以外地下水位不产生影响的降水方法；基坑施工时应按需降水或隔离水源。

在我国沿海地区宜采用地下连续墙或护坡桩+搅拌桩止水帷幕的地下水封闭措施；内陆地区宜采用护坡桩+旋喷桩止水帷幕的地下水封闭措施；河流阶地地区宜采用双排或三排搅拌桩对基坑进行封闭，同时兼作支护的地下水封闭措施。

②技术指标

a. 封闭深度：宜采用悬挂式竖向截水和水平封底相结合，在没有水平封底措施的情况下要求侧壁帷幕（连续墙、搅拌桩、旋喷桩等）插入基坑下卧不透水土层一定深度。

b. 截水帷幕厚度：满足抗渗要求，渗透系数宜小于 $1.0×10^{-6}$ cm/s。

c. 基坑内井深度：可采用疏干井和降水井，若采用降水井，井深度不宜超过截水帷幕深度；若采用疏干井，井深应插入下层强透水层。

d. 结构安全性：截水帷幕必须在有安全的基坑支护措施下配合使用（如注浆法），或者帷幕本身经计算能同时满足基坑支护的要求（如地下连续墙）。

③适用范围

本技术适用于有地下水存在的所有非岩石地层的基坑工程。

（2）施工现场水收集综合利用技术

①技术内容

在施工过程中应高度重视施工现场非传统水源的水收集与综合利用，该项技术包括基坑施工降水回收利用技术、雨水回收利用技术、现场生产和生活废水回收利用技术。

a. 基坑施工降水回收利用技术，一般包含两种技术：一是利用自渗效果将上层滞水引渗至下层潜水层中，可使部分水资源重新回灌至地下的回收利用技术；二是将降水所抽水体集中存放，施工时再利用。

b. 雨水回收利用技术是指在施工现场中将雨水收集后，经过雨水渗蓄、沉淀等处理，集中存放再利用。回收水可直接用于冲刷厕所、施工现场洗车及现场洒水控制扬尘。

c. 现场生产和生活废水回收利用技术是指将施工生产和生活废水经过过滤、沉淀或净化等处理，达标后再利用。经过处理或水质达到要求的水体可用于绿化、结构养护以及混凝土试块养护等。

②技术指标

a. 利用自渗效果将上层滞水引渗至下层潜水层中，有回灌量、集中存放量和使用量记录。

b. 施工现场用水至少应有20%来源于雨水、现场生产和生活废水回收利用等。

c. 污水排放应符合《污水综合排放标准》（GB 8978）。

③适用范围

基坑施工降水回收利用技术适用于地下水面埋藏较浅的地区；雨水、现场生产和生活废水回收利用技术适用于各类施工工程。

2. 建筑垃圾减量化与资源化利用技术

（1）技术内容

建筑垃圾指在新建、扩建、改建和拆除加固各类建筑物、构筑物、管网以及装饰装修等过程中产生的施工废弃物。

建筑垃圾减量化是指在施工过程中采用绿色施工新技术、精细化施工和标准化施工等措施，减少建筑垃圾排放；建筑垃圾资源化利用是指建筑垃圾就近处置、回收直接利用或加工处理后再利用。对于建筑垃圾减量化与建筑垃圾资源化利用的主要措施有：实施建筑垃圾分类收集、分类堆放；碎石类、粉类建筑垃圾进行级配后用作基坑肥槽、路基的回填材料；采用移动式快速加工机械，将废旧砖瓦、废旧混凝土就地分拣、粉碎、分级，变为可再生骨料。

可回收的建筑垃圾主要有散落的砂浆和混凝土，剔凿产生的砖石和混凝土碎块，打桩截下的钢筋混凝土桩头、砌块碎块、废旧木材、钢筋余料、塑料等。

现场垃圾减量与资源化的主要技术有：

a. 对钢筋采用优化下料技术，提高钢筋利用率；对钢筋余料采用再利用技术，如将钢筋余料用于加工马凳筋、预埋件与安全围栏等。

b. 对模板的使用应进行优化拼接，减少裁剪量；对木模板应通过合理的设计和加工制作提高重复使用率；对短木方采用指接接长技术，提高木方利用率。

c. 对混凝土浇筑施工中的混凝土余料做好回收利用，用于制作小过梁、混凝土砖等。

d. 对二次结构的加气混凝土砌块隔墙施工中，做好加气块的排块设计，在加工车间进行机械切割，减少工地加气混凝土砌块的废料。

e. 废塑料、废木材、钢筋头与废混凝土的机械分拣技术；利用废旧砖瓦、废旧混凝土为原料的再生骨料就地加工与分级技术。

f. 现场直接利用再生骨料和微细粉料作为骨料和填充料，生产混凝土砌块、混凝土砖、透水砖等制品的技术。

g. 利用再生细骨料制备砂浆及其使用的综合技术。

（2）技术指标

a. 再生骨料应符合《混凝土用再生粗骨料》（GB/T 25177）、《混凝土和砂浆用再生细骨料》（GB/T 25176）、《再生骨料应用技术规程》（JGJ/T 240）、《再生骨料地面砖和透水砖》（CJ/T 400）和《建筑垃圾再生骨料实心砖》（JG/T 505）的规定。

b. 建筑垃圾产生量应不高于 350 t/万 m^2；可回收的建筑垃圾回收利用率达到 80% 以上。

（3）适用范围

本技术适用于建筑物和基础设施拆迁、新建和改扩建工程。

3. 施工现场太阳能、空气能利用技术

(1) 施工现场太阳能光伏发电照明技术

①技术内容

施工现场太阳能光伏发电照明技术是利用太阳能电池组件将太阳光能直接转化为电能储存并用于施工现场照明系统的技术。发电系统主要由光伏组件、控制器、蓄电池(组)和逆变器(当照明负载为直流电时,不使用)及照明负载等组成。

②技术指标

施工现场太阳能光伏发电照明技术中的照明灯具负载应为直流负载,灯具选用以工作电压为12 V的LED灯为主。生活区安装太阳能发电电池,保证道路照明使用率达到90%以上。

a. 光伏组件。光伏组件是具有封装及内部连接的、能单独提供直流电输出、最小不可分割的太阳能电池组合装置,又称太阳能电池组件。太阳光充足的地区,宜采用多晶硅太阳能电池;阴雨天比较多、阳光相对不是很充足的地区,宜采用单晶硅太阳能电池;其他新型太阳能电池,可根据太阳能电池发展趋势选用新型低成本太阳能电池;选用的太阳能电池输出的电压应比蓄电池的额定电压高20%~30%,以保证蓄电池正常充电。

b. 控制器。其控制整个系统的工作状态,并对蓄电池起到过充电保护、过放电保护的作用;在温差较大的地方,应具备温度补偿和路灯控制功能。

c. 蓄电池。其一般为铅酸电池,小微型系统中,也可用镍氢电池、镍镉电池或锂电池。根据临建照明系统整体用电负荷数,选用适合容量的蓄电池,蓄电池额定工作电压通常选12 V,容量为日负荷消耗量的6倍左右,可根据项目具体使用情况组成电池组。

③适用范围

本技术适用于施工现场临时照明,如路灯、加工棚照明、办公区廊灯、食堂照明、卫生间照明等。

(2) 太阳能热水技术

①技术内容

太阳能热水技术是利用太阳光将水温加热的装置。太阳能热水器分为真空管式太阳能热水器和平板式太阳能热水器,真空管式太阳能热水器占据国内95%的市场份额,光热发电的太阳能比光伏发电的太阳能转化效率较高。它由集热部件(真空管式为真空集热管,平板式为平板集热器)、保温水箱、支架、连接管道、控制部件等组成。

②技术指标

a. 太阳能热水技术系统由集热器外壳、水箱内胆、水箱外壳、控制器、水泵、内循环系统等组成。

b. 太阳能集热器相对储水箱的位置应使循环管路尽可能短；集热器面向正南或正南偏西5°，条件不允许时可正南±30°；平板式、竖插式真空管太阳能集热器安装倾角需根据工程所在地区纬度调整，一般情况安装角度等于当地纬度或当地纬度±10°；集热器应避免遮光物或前排集热器的遮挡，应尽量避免反射光对附近建筑物产生光污染。

c. 采购太阳能热水器的热性能、耐压、电气强度、外观等检测项目，应依据《家用太阳能热水系统技术条件》（GB/T 19141）标准要求。

d. 宜选用合理先进的控制系统，控制主机启停、水箱补水、用户用水等；系统用水箱和管道须做好保温防冻措施。

③适用范围

本技术适用于太阳能丰富的地区，适用于施工现场办公、生活区临时热水供应。

(3) 空气能热水技术

①技术内容

空气能热水技术是运用热泵工作原理，吸收空气中的低能热量，经过中间介质的热交换，并压缩成高温气体，通过管道循环系统对水进行加热的技术。空气能热水器是采用制冷原理从空气中吸收热量来加热水的"热量搬运"装置，把一种沸点为-10℃以上的制冷剂通到交换机中，制冷剂通过蒸发由液态变成气态从空气中吸收热量；再经过压缩机加压做工，制冷剂的温度就能骤升至80~120℃。它具有高效节能的特点，较常规电热水器的热效率高达380%~600%，制造相同的热水量，比电辅助太阳能热水器利用能效高，耗电只有电热水器的1/4。

②技术指标

a. 空气能热水器利用空气能，不需要阳光，因此放在室内或室外均可，温度在0℃以上就可以24小时全天候承压运行。

b. 工程现场使用空气能热水器时，空气能热泵机组应尽可能布置在室外，进风和排风应通畅，避免造成气流短路。机组间的距离应保持在2 m以上，机组与主体建筑或临建墙体（封闭遮挡类墙面或构件）间的距离应保持在3 m以上；另外为避免排风短路，在机组上部不应设置挡雨棚之类的遮挡物；如果机组必须布置在室内，应采取提高风机静压的办法，接风管将排风排至室外。

c. 宜选用合理先进的控制系统,控制主机启停、水箱补水、用户用水以及其他辅助热源切入与退出;系统用水箱和管道须做好保温防冻措施。

③适用范围

本技术适用于施工现场办公、生活区临时热水供应。

4. 施工扬尘控制技术

(1) 技术内容

它包括施工现场道路、塔吊、脚手架等部位自动喷淋降尘和雾炮降尘技术、施工现场车辆自动冲洗技术。

a. 道路、脚手架自动喷淋降尘系统由蓄水系统、自动控制系统、语音报警系统、变频水泵、主管、三通阀、支管、微雾喷头连接而成,主要安装在临时施工道路、脚手架上。塔吊自动喷淋降尘系统是指在塔吊安装完成后通过塔吊旋转臂安装的喷水设施,用于塔臂覆盖范围内的降尘、混凝土养护等。喷淋降尘系统由加压泵、塔吊、喷淋主管、万向旋转接头、喷淋头、卡扣、扬尘监测设备、视频监控设备等组成。

b. 雾炮降尘系统主要有电机、高压风机、水平旋转装置、仰角控制装置、导流筒、雾化喷嘴、高压泵、储水箱等装置,其特点为风力强劲、射程高(远)、穿透性好,可以实现精量喷雾,雾粒细小,能快速将尘埃抑制降沉,工作效率高、速度快,覆盖面积大。

c. 施工现场车辆自动冲洗系统由供水系统、循环用水处理系统、冲洗系统、承重系统、自动控制系统组成。采用红外、位置传感器启动自动清洗及运行指示的智能化控制技术。水池采用四级沉淀、分离,保证水质,确保水循环使用;清洗系统由冲洗槽、两侧挡板、高压喷嘴装置、控制装置和沉淀循环水池组成;喷嘴可沿多个方向布置,无死角。

(2) 技术指标

扬尘控制指标应符合《建筑工程绿色施工规范》(GB/T 50905)中的相关要求。地基与基础工程施工阶段施工现场 PM10/h 平均浓度不宜大于 150 $\mu g/m^3$ 或工程所在区域的 PM10/h 平均浓度的 1.2 倍,结构工程及装饰装修与机电安装工程施工阶段施工现场 PM10/h 平均浓度不宜大于 60 $\mu g/m^3$ 或工程所在区域的 PM10/h 平均浓度的 1.2 倍。

(3) 适用范围

本技术适应用于所有工业与民用建筑的施工工地。

5. 施工噪声控制技术

(1) 技术内容

通过选用低噪声设备、先进施工工艺或采用隔声屏、隔声罩等措施有效降低施工现场及施工过程中噪声的控制技术。

a. 隔声屏是通过遮挡和吸声减少噪声排放的设施。隔声屏主要由基础、立柱和隔音屏板几部分组成。基础可以单独设计也可在道路设计时一并设计在道路附属设施上；立柱可以通过预埋螺栓、植筋与焊接等方法，将立柱上的底法兰与基础连接牢靠；声屏障立板可以通过专用高强度弹簧与螺栓及角钢等方法将其固定于立柱槽口内，形成声屏障。隔声屏可模块化生产，装配式施工，选择多种色彩和造型进行组合、搭配并与周围环境协调。

b. 隔声罩是把噪声较大的机械设备（搅拌机、混凝土输送泵、电锯等）封闭起来，有效地阻隔噪声的外传。隔声罩外壳由一层不透气的具有一定质量和刚性的金属材料制成，一般用2~3 mm厚的钢板，铺上一层阻尼层，阻尼层常用沥青阻尼胶浸透的纤维织物或纤维材料，外壳也可以用木板或塑料板制作，轻型隔声结构可用铝板制作。要求高的隔声罩可做成双层壳，内层较外层薄一些；两层的间距一般是6~10 mm，填以多孔吸声材料。罩的内侧附加吸声材料，以吸收声音并减弱空腔内的噪声。要减少罩内混响声和防止固体声的传递；尽可能减少在罩壁上开孔，对于必须开孔的，开口面积应尽量小；在罩壁构件相接处的缝隙，要采取密封措施，以减少漏声；由于罩内声源机器设备的散热，可能导致罩内温度升高，对此应采取适当的通风散热措施。同时要考虑声源机器设备操作、维修方便的要求。

c. 应设置封闭的木工用房，以有效降低电锯加工时噪声对施工现场的影响。

d. 施工现场应优先选用低噪声机械设备，优先选用能够减少或避免噪声的先进施工工艺。

（2）技术指标

施工现场噪声应符合《建筑施工场界环境噪声排放标准》（GB 12523）的规定，昼间≤70 dB（A），夜间≤55 dB（A）。

（3）适用范围

本技术适用于工业与民用建筑工程施工。

6. 绿色施工在线监测评价技术

（1）技术内容

绿色施工在线监测评价技术是根据绿色施工评价标准，通过在施工现场安装智能仪表并借助GPRS通信和计算机软件技术，随时随地以数字化的方式对施工现场能耗、水耗、施工噪声、施工扬尘、大型施工设备安全运行状况等各项绿色施工指标数据进行实时监测、记录、统计、分析、评价和预警的监测系统和评价体系。

绿色施工涉及管理、技术、材料、工艺、装备等多个方面。根据绿色施工现场的特点以及施工流程，在确保施工各项目都能得到监测的前提下，绿色施工监测内容应尽可能全面，用最小的成本获得最大限度的绿色施工数据。

监测评价系统以传感器为监测基础，以无线数据传输技术为通信手段，包括现场监测子系统、数据中心和数据分析处理子系统。现场监测子系统由分布在各个监测点的智能传感器和HCC可编程通信处理器组成监测节点，利用无线通信方式进行数据的转发和传输，达到实时监测施工用电、用水、施工产生的噪声和粉尘、风速风向等数据。数据中心负责接收数据并对其初步处理、存储，数据分析处理子系统则将初步处理的数据进行量化评价和预警，并依据授权发布处理数据。

（2）技术指标

a. 绿色施工在线监测及评价内容包括数据记录、分析及量化评价和预警。

b. 应符合《建筑施工场界环境噪声排放标准》（GB 12523）、《污水综合排放标准》（GB 8978）、《生活饮用水卫生标准》（GB 5749）；建筑垃圾产生量应不高于 350 t/万 m^2。施工现场扬尘监测主要为 PM2.5、PM10 的控制监测，PM10 不超过所在区域的 1.2 倍。

c. 受风力影响较大的施工工序场地、机械设备（如塔吊）处风向、风速监测仪安装率宜达到 100%。

d. 现场施工照明、办公区需安装高效节能灯具（如 LED）、声光智能开关，安装覆盖率宜达到 100%。

e. 对于危险性较大的施工工序，远程监控安装率宜达到 100%。

f. 材料进场时间、用量、验收情况实时录入监测系统，保证远程实时接收监测结果。

（3）适用范围

本技术适用于规模较大及科技、质量示范类项目的施工现场。

第二章 绿色施工的主要技术

第一节 绿色施工的节材与材料资源利用

一、节材的通用措施

（一）节材中存在的问题

长期以来，由于我们对建筑节材方面关注较少，也没有采取过较为有效的节材措施，造成我国现阶段建筑节材方面存在着许多问题，主要体现在以下几个方面：建筑规划和建筑设计不能适应当今社会的发展，导致大规模的旧城改造和未到设计使用年限的建筑物被拆除；很少从节材的角度优化建筑设计和结构设计；高强材料的使用积极性不高，在钢筋总用量中 HRB400 钢筋的用量所占比例不到 10%，C45 等级以下混凝土用量约占 90%，高强混凝土使用量比较少；建筑工业化生产程度低，现场湿作业多，预制建筑构件使用少；新技术、新产品的推广应用滞后，二次装修浪费巨大。

（二）节约建材的一般措施

节材与材料资源合理利用技术领域是指材料生产、施工、使用以及材料资源利用各环节的节材技术，包括绿色建材与新型建材、混凝土工程节材技术、钢筋工程节材技术、化学建材技术、建筑垃圾与工业废料回收应用技术等。减少建筑运行能耗是建筑节能的关键，而建材能耗在建筑能耗中占了较大比例，故建筑材料及其生产能耗的降低是降低建筑能耗的有效手段之一。建筑保温措施的加强、节能技术和设备的运用，会使建筑运行能耗有所减少，但这些措施通常又会造成建筑材料及其生产能耗的增加，因此，减少建材的消耗就显得尤为重要。

设计方案的优化选择作为减少建材消耗的重要手段，主要体现在以下几个方面：图纸会审时审核节材与材料资源利用的相关内容，使材料损耗率比定额损耗率降低30%。在建筑材料的能耗中，非金属建材和钢铁材料所占比例最大，约为54%和39%。因此，通过在结构体系，高强、高性能混凝土，轻质墙体结合，保温隔热材料的选用等设计方案的最优选择上减少混凝土使用量，在施工中应用新型节材钢筋、钢筋机械连接、免拆模、混凝土泵送等技术措施减少材料浪费，将不失为一种良好的节材途径。

在材料的选用上积极发展并推行如各种轻质高强建筑材料、高效保温隔热材料、新型复合建筑材料及制品、建筑部品及预制技术、金属材料保护（防腐）技术、绿色建筑装修材料、可循环材料、可再生利用材料、利用农业废弃植物生产的植物纤维建筑材料等绿色建材和新型建材。使用绿色建材和新型建材可以改善建筑物的功能和使用环境，增加建筑物的使用面积，便于机械化施工和提高施工效率，减少现场湿作业，且更易于满足建筑节能的要求。

根据施工进度、库存情况等合理安排材料的采购、进场时间和批次，减少库存，以避免因材料过剩而造成的浪费。材料运输时，首先，要充分了解工地的水陆运输条件，注意场外和场内运输的配合和衔接，尽可能地缩短运距，利用经济有效的运输方法减少中转环节；其次，要保证运输工具适宜，装卸方法得当，以避免损坏和遗撒造成的浪费；再次，要根据工程进度掌握材料供应计划，严格控制进场材料，防止到料过多造成退料的转运损失；最后，在材料进场后应根据现场平面布置情况就近卸载，以避免和减少二次搬运造成的浪费。

在周转材料的使用方面应采取技术和管理措施，提高模板、脚手架等材料的周转次数。要优化模板及支撑体系方案，如采用工具式模板、钢制大模板和早拆支撑体系，采用定型钢模、钢框竹模、竹胶板代替木模板的措施。

在安装工程方面，首先，要确保在施工过程中不发生大的因设计变更而造成的材料损失，其次，是要做好材料领发与施工过程的检查监督工作，最后，要在施工过程中选择合理的施工工序来使用材料，并注重优化安装工程的预留、预埋、管线路径等方案。

在取材方面应贯彻因地制宜、就地取材的原则，仔细调查研究地方材料资源，在保证材料质量的前提下，充分利用当地资源，尽量做到施工现场500 km以内生产的建筑材料用量占建筑材料总重量的70%以上。

对于材料的保管要根据材料的物理、化学性质进行科学、合理的存储，防止因材料变质而引起的损耗。另外,可以通过在施工现场建立废弃材料的回收系统,对废弃材料进行分类收集、储存和回收利用,并在结构允许的条件下重新使用旧材料。

尽快进行节材型建筑示范工程建设,制订节材型建筑评价标准体系和验收办法,从而建立建筑节材新技术体系推广应用平台,以有序推动建筑节材新技术体系的研究开发、技术储备及新技术体系的推广应用。此外,我国的自然资源和环境都难以承受建筑业的粗放式发展,大力宣传建筑节材,树立全民的节材意识是建筑业可持续发展的必然道路。

二、结构材料及围护材料的节材措施

根据房屋的构成和功能可以将建造房屋所涉及的各种材料归结为结构材料和围护材料两大类。结构材料构成房屋的主体,包括结构支撑材料、墙体材料、屋(楼、地)面材料;围护材料则赋予房屋以各种功能,包括隔热隔声材料、防水密封材料、装饰装修材料等。长期以来,我国的房屋建筑材料基本上是钢材、木材、水泥、砖、瓦、灰、砂、石;房屋的结构形式主要是砖混结构。砖混结构的特点是房屋的承重和保温功能都由墙体承担,因此,从南到北随着气候的变化,为了建筑保温的需要,我国房屋砖墙的厚度从 24 cm、37 cm 到 49 cm 不等,每平方米房屋的重量也从 1.0 t、1.5 t 到近 2.0 t 变化。这样的房屋,即使有梁柱作支撑体,也被描述为"肥梁、胖柱、重盖、深基础"的典型耗材建筑。

我国的砖混结构体系将承重结构和围护结构的两个功能都赋予了墙体,致使墙体的重量增加,占到了房屋总重的 70%~80%,具有重量大、耗材多的特点。可见,选择一个合理的结构体系是节约主体材料的关键,且选定的结构体系一定要使其支撑结构和围护结构的功能分开。这样,结构支撑体系只承担房屋主承重的功能,为墙体选用轻质材料创造了条件,可大幅度地减轻墙体的重量,从而减轻房屋的重量,房屋轻可节约支撑体和房屋基础的用材。

房屋的主体结构是指在房屋建筑中由若干构件连接而成的能承受荷载的平面或空间体系,包括结构支撑体系、墙体体系和屋面体系,建筑物主体结构可以由一种或者多种材料构成。用于房屋主体的建筑材料重量大、用量多,占材料总量的绝大部分,因此,节材的重点应该抓构成房屋主体的材料。

（一）混凝土的节材一般措施

1. 减少普通混凝土的用量并大力推行轻骨料混凝土

轻骨料混凝土是利用轻质骨料制成的混凝土，与普通混凝土相比，轻骨料混凝土具有自重轻、保温隔热、抗火、隔声好等优点。在施工过程中注重高强度混凝土的推广与应用，高强度混凝土不仅可以提高构件承载力，还可以减小混凝土构件的截面尺寸，减轻构件自重，延长其使用寿命并减少装修，还可获得较大的经济效益。另外，高强度混凝土材料密实、坚硬，其耐久性、抗渗性、抗冻性均较好，且使用高效减水剂等配制的高强度混凝土还具有坍落度大和早强的性能，施工中可早期拆模，加速模板周转，缩短工期，提高施工速度。因此，为降低结构物自重、增大使用空间，高层及大跨结构中常使用高强度混凝土材料。国内外工程实践表明，大力推广、应用高强钢筋和高性能混凝土，还可以收到节能、节材、节地和环保成效。

2. 推广使用和商品混凝土

商品混凝土集中搅拌，比现场搅拌可节约水泥10%，使现场散堆放、倒放等造成砂石损失减少5%~7%。根据国家发展需要，我国已明确规定禁止在现场搅拌混凝土。但是，我国商品混凝土整体应用比例仍然较低，这也导致我国浪费了大量的自然资源。国内外的实践表明，采用商品混凝土还可提高劳动生产率，降低工程成本，保证工程质量，节约施工用地，减少粉尘污染，实现文明施工。因此，发展和推广商品混凝土的使用是实现清洁生产、文明施工的重大举措。

3. 逐步提高新型预制混凝土构件在结构中的比重，加快建筑的工业化进程

新型预制混凝土构件主要包括新型装配式楼盖、叠合楼盖、预制轻混凝土内外墙板和复合外墙板等。严格执行已颁布的有关装配式结构及叠合楼盖的技术规程，对于新型预制构件技术的采用，要认真编制标准图集和技术规程报主管部门批准，通过试点示范逐步推广。

4. 进一步推广清水混凝土节材技术

清水混凝土又称装饰混凝土，属于一次浇注成型材料，不需要其他外装饰，这样就省去了涂料、饰面等化工产品的使用，既减少了大量建筑垃圾又有利于保护环境。另外，清水混凝土还可以避免抹灰开裂、空鼓或脱落的隐患，同时又能减轻结构施工漏浆、楼板裂缝等缺陷。

5. 采用预应力混凝土结构技术

工程中采用预应力混凝土结构技术，可节约钢材约 1/4、混凝土约 1/3，从而也从某种程度上减轻了结构自重。

（二）钢材的节材一般措施

钢筋的节材要求推广使用高强钢筋，减少资源消耗。如最近悄悄风靡建筑业的预应力混凝土钢筋（简称 PC 钢筋），与普通螺纹钢筋不同，PC 钢筋的筋向内凹（普通螺纹钢筋则外凸），是一种制作预应力混凝土构件的高强钢筋。这是因为 PC 钢筋能克服混凝土的易断性，并在预应力状态下经常给混凝土以压缩力，从而使混凝土的强度有较大增加。凹螺纹 PC 钢筋制造的建筑构件可节约钢材 50%，大大降低了工程造价，还可以缩短施工周期，故受到各种建筑工程的青睐，目前在国外得到广泛使用。我国也应该向国际新型材料市场靠拢，积极推行性质优良的高强钢筋以减少钢材资源的消耗。

推广和应用高强钢筋与新型钢筋连接、钢筋焊接网与钢筋加工配送技术，保证建筑钢筋以 HRB 400 为主，并逐步增加 HRB 500 钢筋的应用量。通过这些技术的推广应用，可以减少施工过程中的材料浪费，并能提高施工效率和工程质量。优化钢筋配料和钢构件下料方案。钢筋及钢结构制作前应对下料单及样品进行复核，无误后方可批量下料，以减少因下料不当而造成的浪费。

钢结构的节材要求优化钢结构的制作和安装方法，大型钢结构宜采用工厂制作和现场拼装的施工方式，并宜采用分段吊装、整体提升、滑移、顶升等安装方法以减少方案的措施用材量。另外，对大体积混凝土、大跨度结构等工程应采取数字化技术并对其专项施工方案进行优化。

（三）围护结构的选材及其节材一般措施

1. 保温外墙的选材

保温外墙要求具有保温、隔热、隔声、耐火、防水、耐久等功能，并满足建筑对其强度的要求，它对住宅的节材和节能都有重要的作用。我国幅员辽阔，按气候分为严寒、寒冷、夏热冬冷和夏热冬暖四个气候区。为了节约采暖和制冷能耗，对其外墙热功能的要求分别为：前者以保温为主；中间两个区要求既保温，又隔热；后者则要求以隔热为主。满足保温功能，做法比较简单，采用保温材料即可；隔热可选择的途径较多，除采用保温材料外，还可采用热反射、热对流的办法等，或者是两者、三者的组合。因此，存在着一个方案优化问题：怎么做更有效、更经济，以及内保温和外保温两种做法如何选择等，不同气候地区的保温外墙构造也不能千篇一律。

近几年，我国外墙外保温技术发展很快，但大多数采用大同小异的结构层，即保温层增强聚合物砂浆抹面层的做法，应该说这种做法本身是可行的，但是否有一定的应用范围，加上有些不规范的外墙外侧的选材和施工，使其耐久性令人担忧。由于此项技术很重要，建议选择条件基本具备的高校、科研设计院所和企业，作为我国的保温外墙研发中心，有组织的根据不同的气候区的热功能要求，开发出一些优化的方案以引导我国的保温外墙技术健康发展。

2. 非承重内墙的选材

非承重内墙，特别是住宅分户墙和公用走道，要具有耐火、隔声和一定的保温功能和强度的功能。我国现有的非承重内墙，多以水泥硅酸盐和石膏两大类胶凝材料为主要组成材料，且可分为板和块两大类。板类中有薄板、条板，最近又在开发整开间的大板，品种有几十种之多，而其中能真正商品化的产品却寥寥无几，板缝开裂成了我国建筑非承重内墙的通病，因而对此材料也有一个优选的问题。

虽然石膏胶凝材料的强度比水泥低，在流动的水中溶解度也较小，但由于其自身显著的优势，被认为室内最好的非承重材料。石膏胶凝材料的优点主要表现在：重量轻，耐火性能优异；具有木材的暖性和呼吸功能；凝结时间短，特别适应大规模的工业化生产和文明的干法施工，符合建筑产业化的需要；生产节能、使用节材、可利废、可循环使用、不污染环境，符合国家可持续发展与循环经济的需要。

3. 围护结构的节材措施

根据围护结构的保温、隔热、隔声、耐火、防水、耐久等功能要求，房屋建筑对其强度的要求，围护结构的用材现状，将其用材及施工方面的节材措施总结如下：门窗、屋面、外墙等围护结构选用耐候性、耐久性较好的材料。一般来讲，屋面材料、外墙材料要具有良好的防水性能和保温隔热性能，而门窗多采用密封性能、保温隔热性能、隔声性能良好的型材和玻璃等材料；当屋面或墙体等部位采用基层加设保温隔热系统的方式施工时，应选择高效节能、耐久性好的保温隔热材料，以减小保温隔热层的厚度及材料用量；屋面或墙体等部位的保温隔热系统采用专用的配套材料，以加强各层次之间的黏结或连接强度，确保系统的安全性和耐久性；根据建筑物的实际特点，优选屋面或外墙的保温隔热材料系统和施工方式，以确保其密封性、防水性和保温隔热性。例如，采用保温板粘贴、保温板干挂、聚氨酯硬泡喷涂、保温浆料涂抹等施工方式，达到保温隔热的效果；加强保温隔热系统与围护结构的节点处理，尽量降低"热桥"效应。针对建筑物的不同部位保温隔热特点，选用不同的保温隔热材料及系统以做到经济适用。

三、装饰装修材料的节材措施

随着国民经济的快速发展，生活质量的不断提高，人们对改善工作、生活和居住环境的欲求和期望也日益强烈。因此，近年来房屋装饰装修的标准、档次不断提高，并呈上升的趋势。装饰装修在建筑工业企业中也已形成了专门的行业，其完成产值占建筑业的比重也越来越大。

室内环境质量与人的健康具有非常密切的关系。然而，因使用建筑装饰装修和各种新型建筑装修材料造成居住环境污染、装修材料产生的污染物对人体健康造成侵害的事件却时有报道，民用建筑室内环境污染问题日益突出。随着大众环境意识、环保意识和健康意识的迅速提高，身体健康与室内环境的关系也越来越受到人们的重视。因此，从建筑装饰装修方面着力于绿色建筑、健康住宅的营造，也正成为越来越多的开发商、建筑师追求的目标。

建筑装饰装修是指为使建筑物、构造物内外空间达到一定的环境质量要求，使用装饰装修材料，对建筑物、构造物外表和内部进行修饰处理的工程建筑活动。绿色装修则指通过利用绿色建筑及装饰装修材料，对居室等建筑结构进行装饰装修，创造并达到绿色室内环境主要指标，使之成为无污染、无公害、可持续、有助于消费者健康的室内环境的施工过程。

绿色装修是随着科技的发展而发展的，并没有绝对的绿色家居环境。提倡绿色装修的目的在于通过分析我国装饰装修业的现状及问题，采用必要的技术和措施将现在的室内装修污染危害降到最低。

第二节 绿色施工的节水与水资源利用

水是经济社会发展不可或缺的战略物资，经济社会可持续发展必须以水资源的可持续利用为支撑，使水资源可持续利用的条件主要有以下三个方面。

水资源利用要遵循自然资源的可持续性法则，即在使用生物和非生物资源时，要使其在数量和速度上不超过它们的恢复再生能力，并以其最大持续产量为最大限度作为其永续供给的最大可利用程度,来保证再生资源的可持续性永存。人们在开发和利用水资源时,只有遵循上述自然资源可持续性法则,才能保证水资源的可持续利用,否则水资源的可持续性就要受到破坏。

水资源的开发利用不能超过"水资源可利用量"。水资源是指可利用或可能被利用的水源,它具有可供利用的数量和质量,并且是在某一地点为满足某种用途而可被利用的。一般意义上的水资源,是指能通过水循环逐年更新的,并能为生态环境和社会经济活动所利用的淡水,包括地表水、地下水和土壤水。但是,一方面由于多个因素作用下的自然条件具有多变性,另一方面是因为人类对水资源的开发利用能力受经济和技术水平的限制,实际可利用的水资源数量小于水资源量,再加上经济社会发展必须与水资源承载能力相协调等因素的影响,通过水文系列评价计算出的某一特定流域(或地区)的年平均水资源量一般不会等同于该流域(或地区)水资源的实际可利用量。

水资源的开发利用程度要在水资源的承载能力范围之内,水资源承载能力是指流域(或地区)的水资源可利用量对某一特定的经济和社会发展水平的支撑能力。对某一流域(或地区)而言,在特定的经济和社会发展水平下,水资源的承载能力是相对有限的。这是因为人口的增长、城市化水平的提高、产业结构的调整等因素都会引起用水结构和用水方式的改变,从而引起用水总量的变化,最终导致水资源承载能力的变化。

一、非传统水源高效利用

(一)非传统水源的概念及种类

过去为提高供水能力,先是无节制地开发地表水,当江河流量不够时,就接着筑水坝修水库;在地表水资源不足的情况下,人们又转向对地下水的开采;当发现地下水水位持续下降和地表水逐渐枯竭后,又开始了远距离调水工程。当发现,由于无节制的开发地表水,现在很多河流已出现季节性断流现象;由于地下水的超采,地下水位下降,地下水质退化,城市地面塌陷,沿海城市海水入侵等问题日益突出;远距离调水除面临基建投资和运行费用高昂,施工、管理困难等难题外,还面临着生态影响这一重要问题等一系列生态环境及经济负担问题时,我们会意识到这种着眼于传统水资源开发的传统模式,带给我们的后果是那么地令人心痛。

由此可知,要想实现水资源能够可持续利用,必须改变既有的水资源开发利用模式。目前,世界各国对水资源的开发和利用已经将重点转向了非传统水资源,非传统水资源的开发利用正风起云涌。

非传统水资源的开发利用本是为了弥补传统水资源的不足，但已有的经验表明，在特定的条件下，非传统水源可以在一定程度上替代传统水资源，甚至可以加速并改善天然水资源的循环过程，使有限的水资源发挥出更大的生产力。同时，传统水资源和几种非传统水资源的配合使用，还能够缓解水资源紧缺的矛盾，收到水资源可持续利用的功效。因此，根据当地条件和技术经济现状确定开发利用水资源的优先次序，采用多渠道开发利用非传统水资源达到节水与效益双赢目的的水资源开发利用方法，近年来一直受到世界各国的普遍关注。

非传统水资源包括雨水、中水、海水、空中水资源等，这些水资源的突出优点是可以就地取材，而且是可再生的。

（二）非传统水源在施工中的利用

随着水资源短缺和污染问题的日益突出，我国也越来越感觉到问题的严重性，由此在积极采取措施控制水污染和提高用水效率的基础上，加速非传统水源的开发和利用将是缓解水资源短缺的最有效手段之一。为此，为加大非传统水源在施工中的利用量，促进非传统水源在施工领域的开发利用，《绿色施工导则》中特明确提出要力争施工中非传统水源和循环水的再利用量大于30%，从各种非传统水源的来源、可利用性等方面来探讨施工中非传统水源的利用措施。

1. 微咸水、海水利用

首先，我国具有优越的海水利用条件，但与发达国家海水利用量相比，我国海水利用量极少，我国有18 000多千米的大陆海岸线，大于500 km^2 的岛屿有6 500多个，具有海水淡化和海水直接利用的有利条件，我国一些经济较为发达的沿海城市，如青岛、大连，在利用海水方面也有一定的经验，其他沿海城市也开始利用海水替代淡水，解决当地淡水资源不足问题。如果我国能充分利用优越的海水资源条件，大力开发利用海水资源，将可以大大缓解滨海城市的缺水问题。同时，若能在施工中充分利用城市污水和海水，变废为宝，也将会是一笔很丰厚的财富。

目前，我国海水利用方面的主要问题有：海水淡化产业规模小，海水淡化成本较高。海水淡化的成本已降到目前的5元/t左右，但相对于偏低的自来水价格而言，仍然偏高，这是制约海水淡化发展的最直接和最主要因素。总体上讲，海水淡化产业化规模不够、市场需求量不大与较高的海水淡化水成本形成互为因果的恶性循环；与发达国家相比，我国海水利用及其技术装备生产缺乏相对集中和联合，技术攻关能力弱，低水平重复引进、研制多，科研与生产脱节现象严重。据资料显示，我国海水淡化日产量仅占世界的0.05%；海水作冷却水用量仅占世界的4.9%；海洋化学资源综合利用的附加值、品种和规模等方面与国外都有较大的差距；由于自来水价格比淡化海水价格要低，加上多年来我国海水利用的推广力度不够，没有明确的法律法规的约束，致使有条件利用海水的地区往往不会优先利用海水。

2. 推行雨水利用及中水回用

"中水"的定义有多种解释，在污水工程方面称为"再生水"，工厂方面称为"回用水"，一般以水质作为区分的标志，主要是指城市污水或生活污水经处理后达到一定的水质标准，可在一定范围内重复使用的非饮用水。但是，利用再生废水的过程中，必须要注意水质的控制问题，须防止因为水质达不到要求而造成的不良影响。

（1）中水回用中存在的问题

我国中水回用工程起步晚，至今仍没有系统的规划及完善的中水系统，且现有的中水系统往往存在运行不正常、水质水量不稳定的现象。究其原因，主要是由于工艺、设备不过关，而且对系统的运行管理水平不高，致使出现问题时不能及时解决，从而使水质、水量发生较大的波动，甚至停产。

在实际工程中使用中水，并不比使用城市给水更经济。据调研发现，现有运行的中水设施普遍存在设施能力不能充分利用、运行成本过高的现象，有的总运行成本甚至高达11.37元/m^3，且其平均总运行成本也达3.24元/m^3，这就使价格问题成为推广中水回用的主要制约因素。当然，当前水价偏低也是造成中水回用成本相对较高，从而难以推广的重要因素之一。

（2）中水回用的发展前景

中水的水源较广，对建筑中水而言，其水源一般包括盥洗排水、沐浴排水、洗衣排水、厨房排水和厕所排水等，故基于城市缺水现状，中水回用工程是可以快速解决缺水问题的有效方法。中水回用既可以减少环境排污量及环境污染，又能减少对水资源的开采，具有极高的社会效益和环境效益，对我国国民经济的持续发展具有深刻的意义。

根据中水水源的不同，将其他地区中水回用的成功经验总结如下：

优先采用中水搅拌、中水养护，有条件的地区和工程注重雨水的收集和利用，雨水作为非传统水源，具有多种功能。例如，可以将收集来的雨水用于洗衣、洗车、冲洗厕所、浇灌绿化、冲洗道路、消防灭火等，这样既节约现有水资源，又可以缓解水资源危机。另外，雨水渗透还可以增加地下水，补充涵养地下水源，改善生态环境，防止地面沉降，减轻城市水涝危害和水体污染。

我国降雨在时间和空间上的分布都很不均匀，如果能采取有效措施，将雨季和丰水年的水蓄积起来，既可以起到防洪、防涝的作用，又可以解决旱季和枯水年的缺水之苦。但是，目前我国雨水利用技术的发展还处在探索阶段，雨水大部分由管道输送排走，只有少量雨水通过绿地和地面下渗，这样不但不能使雨水得到有效利用，还要为雨水的排放耗费大量的人力、物力。同时，还对城市水体和污水处理系统造成巨大压力。

施工现场要优先采用城市处理污水等非传统水源进行机具、设备、车辆冲洗，喷洒路面，绿化浇灌等。当前，我国的城市和工业用水量仍在继续增加，如果仍然将城市污水直接放入河道而不采取任何处理措施的话，我国水资源短缺及污染问题将会进一步加剧。若能将这些污水加以处理，变废为宝，使其达到环境允许的排放标准或污水灌溉标准，并广泛用于施工机具、设备、车辆冲洗，路面喷洒，绿化浇灌等，不但起到治理水体污染的作用，还可以起到增加水源、解决农业缺水问题的作用。

（三）中水利用的经济价值

雨水、污水作为中水水源，无疑增加了处理设施建设费、运行费和管道铺设费。但从长远来看，中水回用在经济方面也具有许多优越性，具体表现为：

中水就近回用，缩短了运输距离，还可以减少城市供水和排水量，进而可以减轻城市给水排水管用的负荷，对投资总量而言是较为经济的；以雨水、污水作为水源，其开发成本比其他水源的开发成本低。据资料统计，中水处理工程造价约为同等规模上、下水工程造价的35%~60%；中水管道的维护管理费用要比上、下水管道的维护管理费用低。这是因为，虽然随着上、下水价格的提高，中水的成本逐步接近上、下水水费，但是，使用1 m^3的中水就相当于少用1 m^3的上水，同时少排放接近1 m^3的污水。也就是说，从用水量方面来讲，使用1 m^3的中水将相当于2 m^3的上、下水的使用量，这就相对降低了中水的成本价格。

二、安全用水的措施

水资源作为一种基础性自然资源和战略性经济资源，是一种人类生存与发展过程中重要且不可替代的资源。由于社会、经济发展中水资源的竞争利用、时空分配的不稳定性、人口增长和水污染造成的水质性缺水日趋严重等因素，水资源在经济发展过程中所体现出来的经济价值不断增加，比其在人类公平生存权下所体现出来的公益性价值更为人们所关注。同时，水作为一种重要的环境要素，是地球表层系统中维护生态系统良性循环的物质和能量传输的载体，因此，水体对污染物质稀释、降解的综合自净功能，在保持和恢复生态系统的平衡中发挥着重要作用。

水是以流域为单元的一个相对独立、封闭的自然系统。在一个流域系统内，地表水与地下水的相互转化，上下游、左右岸、干支流之间水资源的开发利用，人类社会经济发展需求与生态环境维持需求之间等，都存在相互影响、相互支持的作用。为此，水资源开发利用的管理与水环境的保护之间也是相互依存、相互支持与相互制约的关系。直观地说，水环境安全是包括水体本身、水生生物及其周围相关环境的一个区域环境概念，以可持续发展的观点来看，水资源的开发利用与水环境的保护是水资源可持续利用的两个核心因素。水要保持其资源价值，就必须维持水量与水质的可用性、可更新与可维持性，并保证水资源各级用户的权益。因此，要维护水资源的可利用特性，必须对水量与水质进行充分的保护与有效的管理，将污水排放量限制在环境可承受的范围之内。

水环境的保护与管理通常是国家政府的一项公益或公共事业。就水环境的保护与管理和水资源的利用与管理间的相互关系来说，水环境保护事业的发展与管理职能很难像水资源的利用那样可以产生经济效益，在市场经济的推动下逐步走向市场，并在市场竞争机制的引导下，实现资源利用的优化配置与管理。21世纪以后，政府的管理职能从直接参与市场经营与管理职能向服务型职能转变，增强了对公共资产的监督与管理，包括加强水环境保护与管理的政府职能，逐步削弱了可转向市场化开发（如资源利用等）的参与和运作职能，在这种趋势下，我国的现行水管理体制将面临新的改革与挑战。因此，有必要对现行的水保护与管理体制进行全面的分析与认识，厘清水资源管理与水环境保护的关系及其与主要部门间的关系，为建立高效率利用、超安全保护的水资源保障体系奠定基础。

第三章 绿色建筑施工的室内外环境控制

第一节 绿色建筑的室外环境控制

一、室外热环境

室外热环境的形成与太阳辐射、风、降水、人工排热（制冷、汽车）等各种要素相关。日照通过直射辐射和散射辐射形式对地面进行加热，与温暖的地面直接接触的空气层，由于导热的作用而被加热，此热量又靠对流作用转移到上层空气。室外环境中的水面、潮湿表面以及植物，会以各种形式把水分以蒸汽的形式释放到环境中去，这部分蒸汽又会通过空气的对流作用而输送到整个大环境中。同样，人工排热以及污染物会因为对流作用而得以在环境中不断循环。而降水和云团都会对太阳辐射有削弱的作用。

热环境是指影响人体冷热感觉的环境因素，主要包括空气温度和湿度。在日常工作中，随着四季的变换，身体对冷和热是非常敏感的，当人们长时间处于过冷或过热的环境中时，很容易产生疾病。热环境在建筑中分为室内热环境和室外热环境，在这里主要介绍室外热环境。

在建筑组团的规划中，除满足基本功能之外，良好的建筑室外热环境的创造也必须予以考虑。通常，人们会利用绿化的营造来改善建筑室外热环境，但近年来，在规划设计中设计师越来越注意到空气流通所产生的效果更好，人们发现可以利用建筑的巧妙布局创造出一条"风道"，让室外自然的风向和风速的调节有目的性，使规划区内的空气流通与建筑功能的要求相协调，同时也为建筑室内热环境的基本条件——自然通风创造条件，人们称之为"流动的看不见的风景"。所以说，建筑室外热环境是建造绿色建筑的非常重要的条件。

二、室外热环境规划设计

（一）气候适应性策略及方法

生态小区规划与绿色建筑设计中的核心问题是气候适应性策略在规划与建筑设计中的实施。由于气候具有地域性，如何与地域性气候特点相适应，并且利用地域气候中的有利因素，便是气候适应性策略的重点与难点。生态气候地方主义理论认为，建筑设计应该遵循：气候—舒适—技术—建筑的过程，具体如下。

1. 调研设计地段的各种气候地理数据，如温度、湿度、日照强度、风向风力、周边建筑布局、周边绿地水体分布等构成对地块环境影响的气候地理要素，这一过程就是明确问题的外围条件的过程。

2. 评价各种气候地理要素对区域环境的影响。

3. 采用技术手段解决气候地理要素与区域环境要求的矛盾，例如建筑日照及其阴影评价、气流组织和热岛效应评价。

4. 结合特定的地段，区分各种气候要素的重要程度，采取相应的技术手段进行建筑设计，寻求最佳设计方案。

（二）室外热环境设计技术措施

1. 地面铺装

地面铺装的种类很多，按照其自身的透水性能分为透水铺装和不透水铺装。透水铺装中主要介绍水泥、沥青、土壤、透水砖的影响。

（1）水泥、沥青

水泥、沥青地面具有不透水性，因此没有潜热蒸发的降温效果。其吸收的太阳辐射一部分通过导热与地下进行热交换；另一部分以对流形式释放到空气中，其他部分与大气进行长波辐射交换。研究表明，其吸收的太阳辐射能需要通过一定的时间延迟才释放到空气中。同时由于水泥、沥青路面的太阳辐射吸收系数更高，所以温度更高。

（2）土壤、透水砖

土壤与透水砖具有一定的透水效果，因此降雨过后能保存一定的水分，太阳暴晒时可以通过蒸发降低表面温度，减少对空气的散热。其对环境的降温效果在雨后表现尤为明显，特别在我国亚热带地区，夏季经常在午后降雨，如能将其充分利用，对于改善城市热环境益处很多。

2. 绿化

绿地和遮阳不仅是塑造宜居室外环境的有效途径，同时对热环境影响很大，绿化植被和水体具有降低气温、调节湿度、遮阳防晒、改善通风质量的作用。而绿化水体还可以净化水质，减弱水面热反射，从而使热环境得到改善。

（1）蒸发降温

通过水分蒸发潜热带走热量是室外环境降温的重要手段。对于绿地而言，被其吸收的太阳辐射主要分为蒸发潜热、光合作用和加热空气，其中光合作用所占比例较小，一般只考虑蒸发潜热与加热空气。与透水砖不同，绿地（包括水体）的蒸发量普遍较大，同时受天气影响相对较小，不会因为持续晴天造成蒸发量大幅下降。同时，树林的树叶面积大约是树林种植面积的75倍、是草地上的草叶面积的25~35倍，因此可以大量吸收太阳辐射热，起到降低空气温度的作用。

绿地对小区的降温增湿效果，依绿地面积大小、树形的高矮及树冠大小不同而异，其中最主要的是需要具有相当大面积的绿地。同时环境绿化中适当设置水池、喷泉，对降低环境的热辐射、调节空气的温/湿度、净化空气及冷却吹来的热风等都有很大的作用。例如，在空旷处气温34℃、相对湿度54%，通过绿化地带后气温可降低1.0~1.5℃，湿度会增加5%左右。所以在现代化的小区里，很有必要规划占一定面积、树木集中的公园和植物园。

地面种草对降低路面温度的效果也很显著，如某地夏季水泥路面温度50℃，而植草地面只有42℃，对近地气候的改善影响很大。

（2）遮阳降温

实践表明，茂盛的树木能挡住50%~90%的太阳辐射热。草地上的草可以遮挡80%左右的太阳光线。正常生长的大叶榕、橡胶榕、白兰花、荔枝和白千层树下，在离地面1.5m高处，透过的太阳辐射热只有10%左右；柳树、桂木、刺桐和杧果等树下，透过的太阳辐射热为40%~50%。由于绿化的遮阴，可使建筑物和地面的表面温度降低很多，绿化了的地面辐射热为一般没有绿化地面的1/5~1/4。炎热的夏天，当太阳直射在大地时，树木浓密的树冠可把太阳辐射的20%~25%反射到天空中，把35%吸收掉。同时树木的蒸腾作用还要吸收大量的热。每公顷生长旺盛的森林，每天要向空中蒸腾8吨水。同一时间，消耗热量16.72亿千焦。天气晴朗时，林荫下的气温明显比空旷地区低。

(3) 绿化品种与规划

建筑绿化品种主要分为乔木、灌木和草地。灌木和草地主要是通过蒸发降温来改善室外热环境，而乔木还具备遮阳、降温的作用。因此，从改善热环境的作用而言：乔木>灌木>草地。乔木的生长形态，有伞形、广卵形、圆头形、锥形、散形等。有的树形可以通过人工修剪加以控制，特别是散形的树木。一般而言，南方地区适宜种植遮阳的树木，其树冠呈伞形或圆柱形，主要品种有凤凰树、大叶榕、细叶榕、石栗等。它们的特点是覆盖空间大，而且高耸，对风的阻挡作用小。此外，攀缘植物如紫藤、牵牛花、爆竹花、葡萄藤、爬墙虎、珊瑚藤等能构成水平或垂直遮阳，对热环境改善也有一定的作用。根据绿色的功能，城市的绿化形态可分为分散型绿化、绿化带型绿化、通过建筑的高层化而开放地面空间并绿化等类型。分散型绿化可以起到使整个城市热岛效应强度减弱的效果；绿化带型绿化可起到将大城市所形成的巨大的热岛效应分割成小块的作用。

3. 遮阳构件

在夏季，遮阳是一种较好的室外降温措施。在城市户外公共空间设计中，如何利用各种遮阳设施，提供安全、舒适的公共活动空间是十分必要的。一般而言，室外遮阳形式主要有人工构件遮阳、绿化遮阳、建筑遮阳。下面主要介绍人工遮阳构件。

(1) 遮阳伞（篷）、张拉膜、玻璃纤维织物等

遮阳伞是现代城市公共空间中最常见、最方便的遮阳措施。很多商家在举行室外活动时，往往利用巨大的遮阳伞来遮挡夏季强烈的阳光。随着经济的发展，张拉膜等先进技术也逐渐运用到室外遮阳上来。利用张拉膜打造的构筑物既可以遮阳、避雨，又有很高的景观价值，所以经常被用来构筑场地的地标。

(2) 百叶遮阳

与遮阳伞、张拉膜相比，百叶遮阳优点很多。首先，百叶遮阳通风效果较好，大大降低了其表面温度，改善环境舒适度。其次，通过对百叶角度的合理设计，利用冬、夏太阳高度角的区别，获得更加合理利用太阳能的效果。最后，百叶遮阳光影富有变化，有很强的韵律感，能创造丰富的光影效果。

(3) 绿化遮阳构件

绿化与廊架结合是一种很好的遮阳构件，值得大力推广。一方面其充分利用了绿色植物的蒸发降温和遮阳效果，大大降低了环境温度和辐射；另一方面绿化遮阳构件又有很高的景观价值。

第二节 绿色建筑的室内环境控制

一、日照与采光

(一) 日照与采光的关系

国家规定的日照要求指的是太阳直射光通过窗户照射到室内的时间长短（日照时间），对光的强弱没有规定。由于建筑窗的大小和朝向不同，建筑所在地区的地理纬度各异，加上季节和天气变化以及建筑周围的环境状况（挡光）的影响等，在一年中建筑的每天日照时间都不一样。

采光也是通过窗户获得太阳光，但不一定是直射太阳光，而是任意方向太阳光数量（亮度或照度）来建立适宜的天然光环境。与日照一样，采光受到各种因素影响，所获得的太阳光数量也是每时每刻都在变化。

日照与采光的共同点都是利用太阳光，受到相同因素的影响，而且都有最低要求。根据国家《建筑日照参数标准》（GB/T 50947-2014）规定，在冬至或大寒日的有效日照时间段内阳光直接照射到建筑物内的时间长短定为日照标准，例如，北京的建筑要求大寒日住宅日照时数不少于 2 小时。这是因为冬至或大寒日是我国一年中日照最不利的时间。同样，在侧窗采光中也是用最小采光系数值表示采光量，也就是建立天然光光环境的最低要求。

日照与采光的差别也十分明显。日照指的是获得太阳直射光照射时间，对于建筑光环境来说，日照与采光是一对好搭档，因为光环境中既需要天然光照射的时间又需要天然光的数量。没有采光就没有日照，有了采光还需要有好的日照。

(二) 建筑与日照的关系

阳光是人类生存和保障人体健康的基本要素之一，日照对居住者的生理和心理健康都非常重要，尤其是对行动不便的老、弱、病、残者及婴儿；同时也是保证居室卫生、改善居室小环境、提高舒适度等的重要因素。每套住宅必须有良好的日照，至少应有一个居室空间能获得有效日照。如今城市的建筑密度大，高楼林立，住宅受到高楼挡光现象经常发生,通过法律解决日照问题已屡见不鲜,所以在建筑规划和设计阶段,无论影响他人或被他人影响的日照问题,首先都应在设计图纸上做出判断和解决。

建筑的日照受地理位置、朝向、外部遮挡等外部条件的限制,常难以达到比较理想的状态。尤其是在冬季,太阳高度角较小,建筑之间的相互遮挡更为严重。住宅设计时,应注意选择好朝向、建筑平面布置(包括建筑之间的距离,相对位置以及套内空间的平面布置,建筑窗的大小、位置、朝向),必要时使用日照模拟软件辅助设计,创造良好的日照条件。

（三）采光的必要性

充足的天然采光有利于居住者的生理和心理健康,同时也有利于降低人工照明能耗,有利于降低生活成本。人类无论从心理上还是生理上已经适应在太阳光下长期生活。为了获取各种信息、谋求环境卫生和身体健康,光成了人们生活的必需品和工具。采光自然成为人们生活中考虑的主要问题之一。采光就是人类向大自然索取低价、清洁和取之不尽的太阳光能,为人类的视觉工作服务。不利用太阳能或不能充分利用太阳能等于白白浪费能源。由于利用太阳光解决白天的照明问题无须费用,正如俗话所说,"不用白不用",何乐而不为呢?现在地下埋藏的化石能源,如煤炭、石油等因过度开发,日趋枯竭。为了开源节流,人们将目光已经转向诸如太阳能这样的清洁能源,自然采光和相关的技术显得尤为重要。当然,目前的采光含义仍指建立天然光光环境,随着技术的进步,采光含义不断拓宽,终有一天,采光不仅为了建立天然光和人工光光环境,也为其他用途提供廉价清洁的能源。

（四）窗户与采光系数值

为了建立适宜的天然光光环境,建筑采光必须满足国家采光标准的相关要求,也就是如何正确选取适宜的采光系数值。首先,根据视觉工作的精细程度来确定采光系数值。其规律是越精细的视觉工作需要越高的采光系数值,这已有明确的规定。其次,窗户是采光的主要手段,窗户面积越大,获得的光也越多。换句话说,窗地面积比的值越大,采光系数值也越大。在建筑采光设计中,知道了建筑的主要用途和功能以及窗地面积比这两项基本要素,就可计算采光系数。

1. 采光的数量

在室内光环境设计时,能否取得适宜数量的太阳光需要精确的估算,采光系数值是国家对建筑室内取得适宜太阳光提供的数量指标,它的定义是:在全阴天空下,太阳光在室内给定平面上某点产生的照度与同一时间、同一地点和同样的太阳光状态下在室外无遮挡水平面上产生的照度之比。采光系数值由于不直接受直射阳光的影响,与建筑采光口的朝向也就没有关系。关于室外无遮挡水平面上产生的照度,我国研究人员已经科学地把全国分成5个光气候区,提供了5个照度,简化了复杂和多变的"光气候",于是主要影响采光系数值是太阳光在室内给定平面上某点产生的照度。照度由三部分光产生,即天空漫射光、通过周围建筑或遮挡物的太阳反射光和光线通过窗户经室内各个表面反射落在给定平面上的光。这三部分的光都可以用简单的图表进行计算,使采光系数值的计算变得十分容易。

我国根据视觉作业不同,分成5个采光等级,并辅以相应的采光系数值。每个等级又规定了不同功能或类型的建筑采用不同采光方式时的采光系数值。目前,我国的绝大部分的建筑采光方式为侧面采光、顶部采光和两者均有的混合采光,因此不同的方式规定了不同的采光系数值。

2. 采光的质量

采光的质量像采光的数量一样是健康光环境不可缺少的基本条件。采光的数量(采光系数值)只是满足人们在室内活动时对光环境提出的视功能要求,采光的质量则是人对光环境安全、舒适和健康提出的基本要求。采光的质量主要包括采光均匀度和窗眩光的控制。采光均匀度是假定工作面上的最小采光系数值和平均采光系数值之比。我国建筑采光标准只规定顶部采光均匀度不小于0.7,对侧面采光不做规定,因为侧面采光取的采光系数值为最小值,如果通过最小值来估算采光均匀度,一般情况下均能超过国家规定的有些侧面采光均匀度不小于0.3的要求。

采光引起的眩光主要来自太阳的直射眩光和从抛光表面来的反射眩光。窗的眩光是影响健康光环境的主要眩光源。目前,对采光引起的眩光还没有一种有效的限定指标,但是对于健康的室内光环境,避免人的视野中出现强烈的亮度对比由此产生的眩光,还可以遵守一些常用的原则,即被视的目标(物体)和相邻表面的亮度比应不小于1:3,而该目标与远处表面的亮度比不小于1:10。例如,深色的桌面上对着窗户并放置显示器时,在阳光下不但看不清目标,还要忍受强烈的眩光刺激。解决的办法是,首先可以用窗帘降低窗户的亮度,其次改变桌子的位置或桌面的颜色,使上述的两项比例均能满足。

反射引起的光污染也是十分严重的。特别在商业中心和居住区,处在路边的玻璃幕墙上的太阳映像经反射会在道路上或行人中形成强烈的眩光刺激。通过简单的几何作图可以克服这种眩光。例如，坡顶玻璃幕墙的倾角控制在45°以下，基本上可以控制太阳在道路上的反射眩光。对于玻璃幕墙建筑，避免大平板式的玻璃幕墙、远离路边或精心设计造型等是解决光污染比较有效的办法。

3. 采光形式

目前，采光形式主要有侧面采光、顶部采光和两者均有的混合采光，随着城市建筑密度不断增加，高层建筑越来越多，相互挡光现象比较严重，直接影响采光量，不少办公建筑和公共图书馆靠白天开灯来弥补采光不足，造成供电紧张。在建筑设计时，有时选用天井或采光井或反光镜装置等内墙采光方式，补充外墙采光的不足，同时也要避免太阳的直射光和耀眼的光斑。当然，最好办法是在城市规划的要求下，合理选址，严格遵守采光标准要求。

4. 窗的功能

窗是采光的主要工具，也起着自然通风的作用。在窗尺寸不变的情况下，窗附近的采光系数值和相应的照度随着窗离地高度的增加而减少，远离窗的地方照度增加，并有良好的采光均匀度，因此窗口水平上缘应尽可能高。落地窗无论对采光或通风均有良好效果，在现代住宅建筑采光窗设计中已成为时尚的做法，但对空调、采暖等其他建筑环境的影响须综合考虑。双侧窗使采光系数的最小值接近房间中心，可以增加房间可利用的进深。水平天窗具有较高的采光系数值，有时可以比侧窗采光达到更高的采光均匀度，由于难以排除太阳的辐射热和积污，其使用受到严重制约。不管采用何种窗户，必须便于开启、通风和清洗，并要考虑遮阳装置的安装要求。

（五）开窗并不是采光的唯一手段

随着科技的发展，采光的含义也在不断地变化和丰富，开窗已经不是采光的唯一手段。过去，采光就是通过窗户让光进入室内，是一种被动式采光。现在，采光可以利用集光装置主动跟踪太阳运行，收集到的阳光通过光纤或其他的导光设施引入室内，使窗户作为主要采光手段的情况有所变化。将来，窗户主要作为人与外界联系的窗口，或作为太阳能收集器也是有可能的。目前，我国设计、制作和应用导光管的技术日趋成熟，可以把光传输到建筑的各个角落，而且夜间又可作为人工光载体进行照明，导光管是采光和照明均可利用的良好工具。

二、室内热环境

随着经济的发展，人们日益关注自己的生活质量。从"居者无其屋"到"居者有其屋",再到当前的"居者优其屋",人们对建筑的要求不断提高。如今,人们将目光更多地聚焦在与建筑自身息息相关的舒适性和健康性的层面上。室内热环境是指影响人体冷热感觉的环境因素,也可以说是人们在房屋内对可以接受的气候条件的主观感受。通俗地讲,就是冷热的问题,同时还包括湿度等。

(一)房间功能对日照的要求

在我国早期的住宅中,多以卧室为中心,卧室是住宅中的主要居住空间。在住宅的空间设计中,显然要将所有的卧室置于日照通风条件最佳的位置,为住户提供最好的享受自然能源的环境。近年来,随着住房条件的不断改善,住宅内部的休息区、起居活动区及厨卫服务区三大功能分区更趋向明确合理。卧室是人们睡眠、休息兼存放衣物的地方,要求轻松宁静,有一定的私密性。白天人们工作、学习、外出,即使在家各种起居活动也不在卧室中。也就是说,以夜间睡眠为主、白天多是空置的卧室,向南还是向北,有无直接日照,对于建筑节能而言差别不大。在满足通风采光,保证窗户的气密性和隔热性的要求下,卧室不向南也不影响人们对环境的适应性。

在现代住宅中,客厅已成为居住者各种起居活动的主要空间。白天的日照、阳光对于起居活动中心的客厅来讲,更有直接的节能意义。对于上班族来讲,由于实行双休日制度后,白天在家的时间增多了,约占全年总天数的1/4,对于老年人、婴幼儿来讲,则多数时间是待在客厅的,即使是学生,寒暑假、周末在家,其主要活动空间也是在客厅,所以现在的住宅中,客厅的面积远比一个卧室大。白天,客厅的使用频率比卧室高得多,已是住宅中的活动中心,是现代住宅中的主要空间。如果客厅向南,客厅内的自然光环境和自然热环境都会比较理想,其节能效应是不言而喻的。

(二)人对热环境的适应性

面对艳阳高照的天气,夏季的高温对人体确实是个考验。有人会觉得酷热难耐,而另一些人就觉得没什么,这主要是因为热耐受能力是因人而异的。人体的热耐受能力与热应激蛋白有关,而这种热应激蛋白合成的增加与受热程度和受热时间有关。经常处于高温环境中,热应激蛋白的合成增加,使人体的热耐受力增强,以后再进入同样的环境中,细胞的受损程度就会明显减轻。

人对外部环境冷热度是有一定适应性的。在运动、静坐时身体都会产生大量的热。在极端条件下,核心体温可能从37℃升至40℃以上。当周围温度较高时,人体可以通过热辐射、对流、传导和蒸发来散热，随着周围温度的升高，通过前三种方式散热将越来越困难，此时，人体主要的散热方式为汗液在表皮的蒸发。

因此，在人与环境的相互关系中，人不仅是环境物理参数刺激的被动接受者，同时也是积极的适应者。但人对热环境的适应范围是有限的，当周围环境温度的提高影响人体健康时，就必须采用人工降温来调节。人对居室热环境有不同程度的调节行为，包括用窗帘或外遮阳罩来挡住射入室内的阳光，用开闭门窗或用电扇来调节室内的空气流速；自身对热环境的调节行为可以是身着舒适简便的家居服装、喝饮料、洗澡冲凉等。这些适应性手段增加了人们的舒适感，提高了对环境的满意度。

（三）影响室内热环境的主要因素

影响室内热环境的因素，除了人们的衣着、活动强度外，还包括室内温度、室内湿度、气流速度以及人体与房屋墙壁、地面、屋顶之间的辐射换热（简称环境辐射）。人体与环境之间的热交换是以对流和辐射两种方式进行的，其中对流换热取决于室内空气温度和气流速度，辐射换热取决于围护结构内表面的平均辐射温度。这也意味着，影响人体舒适性的因素除上述几个方面外，还包括外衣吸热能力和热传导能力、人体运动量系数、风速、辐射增温系数等。

一般来说，空气温度、空气湿度和气流速度对人体的冷热感觉产生的影响容易被人们所感知，而环境辐射对人体的冷热感产生的影响很容易被大家所忽视。如在夏天，人们常关注室内空气温度的高低，而忽视通过窗户进入室内的太阳辐射热以及屋顶和西墙因隔热性能差，引起内表面温度过高对人体冷热感产生的影响。事实上，由于屋顶和西墙隔热性能差，内表面温度过高，能使人体强烈地感到烘烤。如果室内空气温度高、气流速度又小，更会感到闷热难耐。

而在冬季的采暖房屋中，人们常关注室内空气温度是否达到要求，而并没有注意到单层玻璃以及屋顶和外墙保温不足，内表面温度过低，对人体冷热感产生的影响。实践经验告诉人们，在室内空气温度虽然达到标准，但有大面积单层玻璃窗或保温不足的屋顶和外墙的房间中，人们仍然会感到寒冷；而在室内空气温度虽然不高，但有地板或墙面辐射采暖的房间中，人们仍然会感到温暖舒适。

另外，室内空气的热均匀性也非常重要。夏天，在许多开空调的室内空间中，中心区域温度为23℃，但靠近窗或墙的区域温度高达50℃，这是由于保温隔热差的建筑外墙或窗体造成的。热均匀性差不仅浪费大量的能耗费用，而且使特定区域暂时失去使用功能。

人在这样大温差空间中生活工作，健康也受到很大的影响。

（四）热舒适性指标与标准

热舒适性是居住者对室内热环境满意程度的一项重要指标。早在20世纪初，人们就开始了舒适感研究，空气调节工程师、室内空气品质研究人员等所希望的是能对人体舒适感进行定量预测。国际公认的ASHRAE 55热舒适性标准，规定了温度和湿度的舒适性范围：温度为21~23℃，湿度为30%~70%，且两者是相互关联的，即较低的湿度对应较高的温度，较高的湿度对应较低的温度。目前，这一概念的外延正在被拓宽，如果满足80%的人对舒适性的要求，舒适温度范围甚至可扩展到30℃。

（五）采暖方式对热舒适性的影响

我国北方地区传统的采暖方式是集中供热，在窗户下设散热器。传统的散热器主要靠空气对流，散热速度快、散热量大。以前主要由于采暖系统本身的缘故，导致无法进行局部调节，无法满足用户对热舒适性的要求。现在国内提倡分户采暖、分户计量，采用许多适于调节的采暖方式。低温辐射地板采暖就是其中的一种。低温辐射地板采暖是一种主要以辐射形式向周围表面传递热量的供暖方式。辐射地板发出的8~131μm远红外线辐射承担室内采暖任务，可以提高房间的平均辐射温度，辐射表面温度低于常规散热器，室内设定温度即使比对流式采暖方式低4~9℃，也能使人们有同样温暖的感觉，水分蒸发较少，红外线辐射穿过透明空气，可以克服传统散热器供暖方式造成的室内燥热、有异味、失水、口干舌燥等不适。对于地板辐射采暖，辐射强度和温度的双重作用减少了房间四周壁面对人体的冷辐射，室内地表面温度均匀，室温可以形成由下而上逐渐递减的"倒梯形"分布，人员活动区可以形成脚暖头冷的良好微气候，符合中医提倡的"温足而冷顶"的理论，从而满足舒适的人体散热要求，改善人体血液循环，促进新陈代谢。

此外，热辐射板是通过埋设于地板下的加热管——铝塑复合管或导电管，把地板加热到表面温度18~32℃，均匀地向室内辐射热量而达到采暖效果。空气对流减弱，大大减少了室内因对流所产生的尘埃飞扬的二次污染，有较好的空气洁净度和卫生效果。

（六）南方潮湿地区除湿的方式

我国南方地区的气候比较潮湿，尤其是在梅雨季节，给人们日常生活带来了许多困扰。我国长江以南大部分地区每年都会遭遇一年一度的梅雨季节，这时相对湿度高，极不舒适，而且阴雨天特别容易使人心情沉闷。

环境潮湿不仅让墙壁、衣物发霉，而且更是危害人的健康。室内湿度每增加10%，气喘的发生率就会增加3%。此外，尘螨、霉菌也喜欢待在高湿度的地方。高温、高湿的环境，让细菌、病毒及变应源大肆蔓延，会引发过敏、气喘、异位性皮肤感染等诸多疾病，每逢梅雨季节，医院这些过敏性疾病的患者就会特别多。

事实上，潮湿是影响人们工作与生活的一个环境因素，如果室内某些东西曾经发出异味、变色、变质、光泽丧失、生锈、功能老化、寿命减短、长霉斑、长水纹甚至长虫，大都是潮湿的原因。因此，每个家庭都应该做好防潮措施，在条件允许的情况下，最好在家中放上一支湿度计，这样就能随时查看空气湿度，如果发现湿度太高，可以安装机械湿度调节器，如除湿机、抽湿机等。机械除湿的方式主要有除湿机去湿与空调制冷去湿两种。

除湿机的工作原理是在机器内部降温，把空气中的水分析出，空间的温度会略微上升，但温差不明显，比较适用于盛夏以外的潮湿季节，用电量也相对节约。空调器制冷模式作为空调的基本功能，对空调器结构设计、控制方式的要求比较低，造价低廉，但在用这种方式达到抽湿目的的同时必然会造成房间温度下降。

在人工制冷空调出现之前，解决室内环境问题的最主要方法就是通风。通风的目的是排出室内的余热和余湿，补充新鲜空气和维持室内的气流场。建筑物内的通风十分必要，它是决定人们健康和舒适的重要因素之一。通风换气有自然通风和机械通风两种方式。

三、通风与散热

通风可以为人们提供新鲜空气，带走室内的热量和水分，降低室内气温和相对湿度，促进人体的汗液蒸发降温，使人们感到更舒适。目前，随着南方炎热地区节能环保意识的增强，夏季夜间通风和过渡季自然通风已经成为改善室内热环境、提高人体舒适度、减少空调使用时间的重要手段。

一般说来，住宅建筑通风包括主动式通风和被动式通风两个方面。住宅主动式通风是指利用机械设备动力组织室内通风的方法，一般与通风、空调系统进行配合。而住宅被动式通风是指采用"天然"的风压、热压作为驱动，并在此基础上充分利用包括土壤、太阳能等作为冷热源对房间进行降温（或升温）的被动式通风技术，包括如何处理好室内气流组织，提高通风效率，保证室内卫生、健康并节约能源。具体设计时应考虑气流路线经过人的活动范围；通风换气量要满足基本的卫生要求；风速要适宜，最好为0.3~1.0m/s；保证通风的可控性；在满足热环境和室内人员卫生的前提下尽可能节约能源。应注意的是，住宅建筑主动式通风应合理设计，否则会显著影响建筑空调、采暖能耗。例如，采暖地区住宅通风能耗已占冬季采暖热指标的30%以上，原因是运行过程中的室内采暖设备不可控以及开窗时通风不可调节。

（一）被动式自然通风

建筑通风是由于建筑物的开口处（门、窗等）存在压力差而产生的空气流动。被动式通风分热压通风和风压通风两类。热压通风的动力是由室内外温差和建筑开口（如门、窗等）高差引起的密度差造成的。因此，只要有窗孔高差和室内外温差的存在就可以形成通风，并且温差、高差越大，通风效果越好。风压通风是指在室外风的作用下，建筑迎风面气流受阻，动压降低，静压增高，侧面和背风面由于产生局部涡流，静压降低，与远处未受干扰的气流相比，这种静压的升高或降低统称为风压。静压升高，风压为正，称为正压；静压下降，风压为负，称为负压。当建筑物的外围结构有两个风压值不同的开口时就会形成通风。通常情况下，室内自然通风的形成，既有热压通风的因素，也有风压通风的原因。

被动式自然通风系统又分为无管道自然通风系统和有管道自然通风系统两种形式。无管道自然通风系统是指上述所说的，经开着的门、窗所进行的通风透气，适用于温暖地区和寒冷地区的温暖季节。而在寒冷季节里的封闭房间，由于门、窗紧闭，故需专用的通风管道进行换气，有管道自然通风系统包括进气管和排气管。进气管均匀排在纵墙上，在南方，进气管通常设在墙下方，以利于通风降温；在北方，进气管宜设在墙体上方，以避免冷气流直接吹到人。

在合理利用被动式自然通风的节能策略过程中，建筑师起着举足轻重的作用，没有建筑设计方案的可行性保证，采用自然通风节能是无法实现的。在建筑设计和建造时，建筑开口的控制要素——洞口位置、面积大小、个数、最大开启度等已成定局；在建筑使用过程中，通风的防与控往往是通过对洞口的关闭或灵活的开度调节实现的。建筑房间的开口越大，传热也越多，建筑的气候适应性越好，但抵御气候变化的能力越差。在高寒地区的冬季，通风换气与防寒保温存在很大的矛盾，在进行通风换气时应认真考虑解决好这一矛盾。对通风预防策略的一个方面是使建筑房间尽可能变成一个密闭空间，消除其建筑开口。例如，在寒冷地区，设置门斗过渡空间较为普遍，通过门外加门、两门错位且一开一闭增强建筑的密闭功能；门帘或风幕的设置也是增强建筑密闭性的一种简易方式。但建筑是以人为本的活动空间，对于人流量较大的公共建筑，建筑入口通道的设计处理体现通风调控策略。

（二）家庭主动式机械通风

当自然通风不能保证室内的温、湿度要求时，可启动电风扇进行机械通风。虽然空调采暖设备进入千家万户，居室装修成为时尚后，电风扇淡出了房间，机械通风的利用被大大淡化了。但实际上，电风扇可以增加室内空气流动，降低体感温度。若空调、电风扇切换使用，可以显著降低空调运行时间，强化夜间通风和建筑蓄冷效果。

在炎热地区，加强夜间通风对提高室内热舒适非常有效。一天中并非所有时刻室外气温都高于室内所需要的舒适温度。由于夜间的空气温度比白天更低，与舒适温度的上限（26℃）差值更大，因此加强夜间通风不仅可以保证室内舒适，而且有利于带走白天墙体的蓄热，使其充分冷却，减少次日空调运行时间，可以实现2%~4%的节能效果。故而许多人把加强夜间通风视为南方建筑节能的措施之一。但夜间温度也是有变化的，泛泛谈论夜间通风不够严谨；通风时间长短、时段的选择对通风实际效果至关重要，4:00~6:00是夜间通风的最佳时段。

第三节 绿色建筑的土地利用

在地球表面上，为人类可能提供的生存空间已经有限，所以节约现有土地、开拓新的生存空间刻不容缓。

一、绿色建筑的节地途径

城市的发展与我国土地资源的总体供求矛盾越来越尖锐。土地危机的解决方法主要是：应控制城市用地增量，提高现有各项城市功能用地的集约度；协调城市发展与土地资源、环境的关系，强化高效利用土地的观念，以逐步达到城市土地的可持续发展。

村镇建设应合理用地、节约用地。各项建筑相对集中，允许利用原有的基地作为建设用地。新建、扩建工程及住宅应当尽量不占用耕地和林地，保护生态环境，加强绿化和村镇环境卫生建设。

珍惜和合理利用土地是我国的一项基本国策。国务院有关文件指出，各级人民政府要全面规划，切实保护、合理开发和利用土地资源；国家建设和乡（镇）村建设用地必须全面规划、合理布局；要节约用地，尽量利用荒地、劣地、坡地，不占或少占耕地。

节地，从建筑的角度上讲，是建房活动中最大限度地少占地表面积，并使绿化面积少损失、不损失。节约建筑用地，并不是不用地，不搞建设项目，而是要提高土地利用率。在城市中，节地的途径主要有：①适当建造多层、高层建筑，以提高建筑容积率，同时降低建筑密度；②利用地下空间，增加城市容量，改善城市环境；③城市居住区，提高住宅用地的集约度，为今后的持续发展留有余地，增加绿地面积，改善住区的生态环境，充分利用周边的配套公共建筑设施，合理规划用地；④在城镇、乡村建设中，提倡因地制宜，因形就势，多利用零散地、坡地建房，充分利用地方材料，保护自然环境，使建筑与自然环境互生共融，增加绿化面积；⑤开发节地建筑材料，如利用工业废渣生产的新型墙体材料，既廉价又节能、节地，是今后绿色建筑材料的发展方向。

在当今社会，人们越来越深刻地认识到，作为人类生存环境基础的土地是不可再生的资源，特别是对于人口众多的我国，人均可利用的土地资源非常少，如果再不珍惜土地，将会严重影响我们当代和子孙后代的基本生存条件。

二、合理的建筑密度

在城市规划与建筑设计时，一项评价建筑用地经济性的重要指标是建筑密度，建筑密度是建筑物的占地面积与总的建设用地面积之比的百分数，也就是建筑物的首层建筑面积占总的建设用地面积的百分比。一般一个建设项目的总建设用地要合理划分为建筑占地、绿化占地、道路广场占地和其他占地。

建筑密度的合理选定与节约土地关系十分密切，先举一个简单的例子：假设要在一座城市的一个特定的区域建设 30 000m^2 住宅，根据城市规划的总体要求，这一区域的建筑高度有限制，只能在地上部分建 10 层的住宅，而且地上各层的建筑外轮廓线和建筑面积要相同。两位建筑师分别做出了各自的设计方案：甲建筑师的方案建筑密度为 30%，这样推算，建筑的占地面积为 3 000m^2，建设总用地面积就需要 10 000m^2；乙建筑师的方案建筑密度为 40%，也照理推算，建筑的占地面积为 3 000m^2，建设总用地面积就需要 7 500m^2。这样，乙建筑师的方案就比甲建筑师的方案在满足设计要求的前提下节约建设用地 2 500m^2。

从上面的举例中可以看到，同等条件下设计方案的建筑密度较高者更节约土地，但并非建筑密度越大越好，应控制在合理的范围内。前文中提到，在城市规划与建筑设计时，除建筑密度是影响建设用地面积的重要指标外，绿化占地、道路广场占地也是影响建设用地面积的重要因素。绿化占地面积与总的建设用地面积的百分比称为绿地率。在城市规划的基本条件要求中，一般都给出对绿地率的具体指标数据，大约为30%，而现在提倡绿色建筑，建筑环境更应予以重视，所以绿色建筑设计的绿地率应大于30%。由此，在建筑设计时可以进行调整的是建筑占地和道路广场占地之间的关系，道路广场占地主要是满足总的建设用地内的机动车辆和行人的交通组织以及机动车辆和自行车的停放需要，只要合理地减少道路广场占地面积，就有可能合理地增加建筑密度。

建设地下停车场是目前建筑师常用的方法，虽然建设成本略有增加，车辆的行驶距离也略有增加，但可以大幅度地减少道路广场占地面积，而且为积极倡导采用的人车分流设计手法提供了基础条件。还有一种方法在对首层建筑面积不是十分苛求的办公楼和住宅楼可以采用，那就是建筑的首层部分架空，将这部分面积供道路设计使用，也可以作为绿化用地使用，由于这种方法可以使建筑的外部造型产生变化，绿化环境的空间渗透也会出现奇妙的效果，不失为节约用地的一个好办法。

三、建筑地下空间利用

在日常工作中，人们也很早就发现了地下空间的重要性，史书记载早在西汉时期，随着连年的战乱，用于军事的地下防御工事应运而生。在普通老百姓的家中，躲避和隐藏的地下空间也开始出现。后来，人们又发现地下空间有着独特的内部温度、湿度条件，可以用来储藏一些反季节的生鲜蔬菜和其他食品，在20世纪中后期，我国华北、东北地区还有大量的地下储藏空间。

在国外，因为文化传统、生活习俗的不同，地下空间基本上用于防御、储藏。由于地质条件的限制，古代欧洲的地下空间以半地下的居多，便于采光和自然通风，或以堆土的方式使其成为完全的地下空间。在当今社会，欧洲的一些传统别墅的地下空间还完美地发挥着酒窖的储藏功能。

有着悠久历史的地下空间，在目前建筑技术日益发展的条件下，基本上可以实现地上建筑的功能要求，在开发和使用地下空间的同时，我们在完成着另一个重要的功能——节约土地。

随着我国城市化进程的加快，土地资源的减少成为必然。合理开发利用地下空间，是城市节约土地的有效手段之一。可以将部分城市交通，如地下铁路交通和跨江、跨海隧道，尽可能转入地下；把其他公共设施，如停车库、设备机房、商场、休闲娱乐场所等，尽可能建在地下，这样，既可以实现土地资源的多重利用，又可以提高土地的使用效率。

土地资源的多重利用还可以相对减少城市化发展占用的土地面积，有效控制城市的无限制扩展，有助于实现"紧凑型"的城市规划结构。这种城市减少了城市居民的出行距离和机动交通源，相对降低了人们对机动交通特别是私人轿车的依赖程度，同时可以增加市民步行和骑自行车出行的比例，这将使城市的交通能耗和交通污染大幅降低，实现城市节能和环保的要求。

但在利用地下空间时，应结合建设场地的水文地质情况，处理好地下空间的出、入口与地上建筑的关系，解决好地下空间的通风、防火和防地下水渗漏等问题，同时应采用适当的建筑技术实现节能的要求。今后，当人们享受着城市地下铁路带来的快捷交通的时候，其实也正在为城市的节约土地和创造美好的环境做出贡献。

四、公共设施集约化利用

居住区公共服务设施应按规划配建，合理采用综合建筑并与周边地区共享。公共服务设施的配置应满足居民需求，与周边相关城市设施协调互补，有条件时应考虑将相关项目合理集中设置。

根据《城市居住区规划设计规范》相关规定，居住区配套公共服务设施（也称配套公建）应包括教育、医疗卫生、文化、体育、商业服务、金融邮电、社区服务、市政公用和行政管理九类设施，居住区配套公共服务设施，是满足居民基本的物质与精神生活所需的设施，也是保证居民居住生活品质不可或缺的重要组成部分。为此，该规范提出相应要求，其主要的意义在于以下几点。

1. 配套公共服务设施相关项目建综合楼集中设置，既可节约土地，又能为居民提供选择和使用的便利，并提高设施的使用率。

2. 中学、门诊所、商业设施和会所等配套公共服务设施，可打破居住区范围，与周边地区共同使用。这样既节约用地，又方便使用，还节省投资。

绿色建筑用地应尽量选择具备良好市政基础设施（如供水、供电、供气、道路等）以及周边有完善城市交通系统的土地，从而减少这些方面的建设投入。

为了减少快速增长的机动交通对城市大气环境造成的污染以及过多的能源与资源消耗，优先发展公共交通是重要的解决方案之一。倡导以步行、公交为主的出行模式，在公共建筑的规划设计阶段应重视其入口的设置方位，接近公交站点。为便于居民选择公共交通工具出行，在规划中应重视居住区主要出、入口的设置方位及城市交通网络的有机联系。居住区出、入口的设置应方便居民充分利用公共交通网络。

第四章 绿色施工过程中的环境保护

第一节 环境保护与扬尘控制

一、环境保护概述

在经济社会发展过程中,发达国家均将环境保护与经济发展结合起来,随着我国经济的发展,其暴露出来的环境问题越来越严重,环保问题成为人们日益关注的热点。社会的进步、生活质量与环境息息相关,国家已经意识到环境保护的重要性,并多次强调环境保护对我国社会主义建设的重要性,党的十八大报告明确将生态文明建设列为核心的主题之一。

环境通常被认为是影响人类生存和发展的各种天然的和经过人工改造的自然因素的总和,包括大气、水、海洋、土地、矿产、森林、草原、野生生物、自然遗迹、人文遗迹、自然保护区、风景名胜区、城市和乡村等。环境保护是指人类为解决现实的或潜在的环境问题,协调人类与环境的关系,保障经济社会的可持续发展而采取的各种行动的总称,其方法和手段有工程技术的、行政管理的,也有法律的、经济的、宣传教育的等。环境保护旨在保护和改善生态环境和生活环境,合理利用自然资源,防治污染和其他公害,使其满足人类的生存与发展,由于各个地区所面临的问题不同,所以环境保护具有明显的地区性。环境保护的内容大体可分为三个方面:一是防治由生产和生活活动引起的环境污染,包括防治工业生产排放的"三废"(废水、废气、废渣)和粉尘、放射性物质以及产生的噪声、振动和电磁微波辐射,交通运输活动产生的有害气体、废液、噪声,海上船舶运输排出的污染物,工农业生产和人民生活使用的有毒有害化学品,城镇生活排放的烟尘、污水和垃圾等造成的污染;二是防止由建设和开发活动引起的环境破坏,包括防止由大型水利工程、铁路、公路干线、大型港口码头、机场和大型工业项目等工程建设对环境造成的污染和破坏,农垦和围湖造田活动,海上油田、海岸带和沼泽地的开发活动,森林和矿产资源的开发活动对环境的破坏和影响,新工业区、新城镇的设置和建设等对环境的破坏、污染和影响;三是保护有特殊价值的自然环境,包括对珍稀物种及其生活环境、特殊的自然发展史遗迹、地质现象、地貌景观等提供有效的保护。

改革开放以来,随着我国经济持续、快速的发展以及基本建设的大规模开展,环境保护的任务也越来越重,特别是基础设施建设直接、间接造成了环境保护形势越来越严峻,一方面工业污染物排放总量大,另一方面城市生活污染和农村面临的污染问题也十分突出,而且生态环境恶化的趋势越演越烈。我国虽然是发展中国家,消除贫困、提高人民生活水平是我国现阶段的根本任务,但是经济发展不能以牺牲环境为代价,不能走先污染后治理的路子,世界上很多发达国家在这方面均有极为深刻的教训。因此,正确处理好经济发展同环境保护之间的关系,走可持续发展之路,保持经济、社会和环境协调发展,是我国实现现代化建设的战略方针。

建筑业是我国的经济支柱之一,而且该产业直接或间接地影响着我们的环境,这就要求施工企业在工程建设过程中要注重绿色施工,必须树立良好的社会形象,进而形成潜在效益。为此,传统的建筑施工必须进行变革,使其更绿色环保。在环境保护方面,保证扬尘、噪声、振动、光污染、水污染、土壤保护、建筑垃圾、地下设施、文物和资源保护等控制措施到位,既有效改善了建筑施工脏、乱、差、闹的社会形象,又改善了企业自身形象,因此,施工企业在绿色施工过程中的活动不但具有经济效益,也会带来社会效益。

二、扬尘控制

(一) 扬尘的危害及主要来源

扬尘是一种非常复杂的混合源灰尘,当前最为关注的是 PM2.5,扬尘污染是空气中最主要的污染物之一,美国环境署发布的报告中指出:空气污染92%为扬尘,其来源组成包括:28%为裸露面,23%来自建筑工地。大量研究表明,扬尘对人们的健康和农业生产有着相当大的影响,如何科学合理地解决扬尘问题受到了广泛关注,各国都投入了相当大的人力、物力进行研究。我国大多数地区扬尘已经成为首要的空气污染物,它包括3个组分:降尘(粒径>100μm)、飘尘(粒径为10~100μm)、可吸入颗粒物(粒径<10μm),扬尘组分的化学分析表明扬尘主要是土壤尘,即地壳中硅、钙、铝等元素为其主要组成。

扬尘对人体的健康影响很大，医学研究发现，长期吸入高浓度 SiO_2 尘粒，硅肺病的发病率明显增加。扬尘中的 PM10、PM2.5 颗粒较小，比表面积大，因受到各种污染，更易富积大量有害元素，如 Hg、Cr、Pb、Cu、As 等，且其易在大气中长期滞留，对空气质量影响和人体健康危害会更大。粒径较大的颗粒物大部分被阻挡在上呼吸道中，而颗粒物的 50%~80%、直径在 $10\mu m$ 以下的可吸入颗粒物则能穿过咽喉进入下呼吸道，尤其是粒径小于 $2.5\mu m$ 的颗粒更能沉积于肺泡内。若长期生活在一定浓度的 Hg、Cr、Pb、As 及其他游离态硅灰的空气中，就易引起慢性中毒，产生纤维肺甚至恶性肿瘤。此外，在空气颗粒物中还存在有机化合物，占 5% 左右，其中所含高分子化合物（如多环芳烃）还具有致癌作用。

另外，空气中的细小颗粒物不但可以降低城市大气能见度，还会造成光化学烟雾、酸雨、气候变暖等环境问题。粒径小于 $2.5~\mu m$ 的颗粒就是导致城市能见度下降的祸首，增加了交通隐患，随着城市机动车辆数量的剧增，这类扬尘也极易导致交通事故。

根据最新污染源解析的结果，建筑水泥尘对大气颗粒物 TSP 的年分担率为 18%，采暖季为 12%，非采暖季为 23%。建筑水泥尘对 PM10 的年分担率为 13%，采暖季为 7%，非采暖季为 12%，另外，建筑水泥尘以扬尘形态进入城市扬尘的年分担率为 17%。当今我国基础建设正处于高峰时期，建筑、拆迁、道路施工过程中物料的装卸、堆存、运输转移等产生的建筑扬尘还会不断增多，已成为大气颗粒物 TSP 污染的重要原因之一。可见，传统建筑施工是产生扬尘的主要原因。

建筑施工中出现的扬尘主要来源于渣土的挖掘与清运、回填土、裸露的料堆、拆迁施工中由上而下抛撒垃圾、堆存的建筑垃圾、渣土清运、现场搅拌混凝土等，扬尘还可能来自堆放的原材料（如水泥、白灰）在路面风干及底泥堆场修建工程和护岸工程施工产生。

在施工中建筑材料的装卸和运输、各种混合料拌和、土石方调运、路基填筑、路面稳定等施工过程对周围环境会造成短期内粉尘污染。运输车辆的增加和调运土石方的落土也会使相关的公路交通条件恶化，对原有交通秩序产生较大的影响。施工时产生的粉尘会覆盖在附近的农作物表面，影响其生长，尤其对果木影响更大。燃油施工机械排放的尾气，如 CO_2、SO_2、NO_x 等会增加该路段的大气污染负荷。此外，沥青加热、喷洒、胶结过程中产生的沥青烟也是建设过程中重要的大气污染源，沥青烟的主要成分有颗粒物（以碳为主）、烃类、氮氧化物等，主要对施工人员及附近居民区、村庄造成危害。

（二）建筑施工中扬尘的防治

1. 扬尘污染的治理技术

（1）设置挡风抑尘墙

挡风抑尘墙是一种有效的扬尘污染治理技术，其工作原理是当风通过挡风抑尘墙时，墙后出现分离和附着并形成上、下干扰气流来降低风速，极大地降低风的动能，减少风的湍流度，消除风的涡流，降低料堆表面的剪切应力和压力，从而减少料堆起尘量。一般认为，在挡风板顶部出现空气流的分离现象，分离点和附着点之间的区域称为分离区，这段长度称为尾流区的特征长度或有效遮蔽距离，挡风抑尘墙的抑尘效果主要取决于挡风板尾流区的特征长度和风速。风通过挡风抑尘墙时，不能采取堵截的办法把风引向上方，应该让一部分气流经挡风抑尘墙进入庇护区，这样风的动能损失最大。试验结果显示，具有最适透风系数的挡风抑尘墙减尘效果最好，例如当无任何屏障时，料堆起尘量为100%，设挡风墙起尘量仍有10%，而设挡风抑尘墙起尘量只有0.5%。

目前，挡风抑尘墙在国内的港口、码头、钢铁企业堆料场得到了应用。有关资料显示，经过挡风抑尘墙后风速减小约60%，实际抑尘效率大于75%。挡风抑尘墙在露天堆场使用一般要考虑三个主要问题，即设网方式、设网高度和与堆场堆垛的距离。

设网方式方面，通常有两种常用的设网方式，即主导风向设网和堆场四周设网，采用何种方式主要取决于堆场大小、堆场形状、堆场地区的风频分布等因素。

设网高度方面，与堆垛的高度、堆场大小和对环境质量要求等因素有关，对于一个具体工程来说，要根据堆场地形、堆垛放置方式、挡风抑尘墙及其设置方式，计算出网高与堆垛高度、网高与庇护范围的关系，结合堆场附近的环境质量要求等综合因素确定堆场挡风抑尘墙的高度。

与堆场堆垛的距离试验结果表明，如果在设网后的一定距离内有一个低风区，减速效果会增加，因此，挡风抑尘墙应该距离堆场堆垛一最佳距离。对于由多个堆垛组成的堆场而言，可以视堆场周围情况因地制宜地设置，一般可以沿堆场堆垛边上设置挡风抑尘墙。

（2）绿化防尘

树木能减少粉尘污染的原因，一是由于其有降低风速的作用，随着风速的减慢，气流中携带的大粒粉尘的数量会随之下降；二是由于树叶表面的吸附作用，树叶表面通常不平，有些具有茸毛且能分泌黏性油脂及汁液，因此，可吸附大量粉尘。此外，树木枝干上的纹理缝隙也可吸纳粉尘。不同种类的植物滞尘能力有所不同，一般而言，叶片宽大、平展、硬挺、叶面粗糙、分泌物多的植物滞尘能力更强,植物吸滞粉尘的能力与叶量的多少成正比。

2. 采用先进的边坡绿化技术控制道路扬尘

(1) 湿式喷播技术

该技术是以水为载体的植被建植技术,将配置好的种子、肥料、覆盖料、土壤稳定剂等与水充分混合后,再用高压喷枪射到土壤表面,能有效地防止冲刷,而且在短时间内,种子萌发长成植株迅速覆盖地面,以达到稳固公路边坡和美化路容的目的,其优点在于适用范围广,不仅可在土质好的地带使用,而且也适用于土地贫瘠地带,对土地的平整度无严格要求,特别适合不平整土地的植被建植,能够有效地防止雨水冲刷并避免种子流失。

(2) 客土喷播技术

该技术将含有植物生长所需营养的基质材料混合胶结材料喷附在岩基坡面上,在岩基坡面上创造出宜于植物生长硬度的、牢固且透气,与自然表土相近的土板块,种植出可粗放管理的植物群落,最大限度地恢复自然生态,可广泛适用于岩石面和风化岩石面,传统喷播植草与简单的三维网喷播技术很难达到预期效果,而客土喷播可以改善边坡土质条件,水、土、肥均可以保持,绿化效果非常好,其缺点是成本高、进度慢。

(3) 抑尘剂抑尘技术

采用化学抑尘剂抑尘是一种目前较有效的防尘方法,该方法具有抑尘效果好、抑尘周期长、设备投资少、综合效益高、对环境无污染的特点,是今后施工场地抑尘的发展方向。

粉尘的沉降速度随粉尘的粒径和密度的增加而增大,所以设法增加粉尘的粒径和密度是控制扬尘的有效途径。使用抑尘剂可以使扬尘小颗粒凝聚成大颗粒,增大扬尘颗粒的密度,加快扬尘颗粒的沉降速度,从而降低空气中的扬尘。抑尘机理通常是采用固结、润湿、凝并三种方式来实现,固结就是使需要抑尘的区域形成具有一定强度和硬度的表面,以抵抗风力等外力因素的破坏;润湿是使需要抑尘的区域始终保持一定的湿度,这时扬尘颗粒密度必然增加,其沉降速度也会增大;凝并可使细小扬尘颗粒凝聚成大粒径颗粒达到快速沉降的目的。

目前,有的化学抑尘剂产品大致可分为湿润型、黏结型、吸湿保水型和多功能复合型,其中功能单一的居多。随着化工产品的迅速发展,各种表面活性剂、超强吸水剂等高分子材料广泛的应用,抑尘剂的抑尘效率将不断提高,新型抑尘剂也会层出不穷,经过多年努力,我国许多城市空气质量已有所改善,但颗粒物污染指数仍然非常严重。

(三) 扬尘的治理措施及相关规定

根据《中华人民共和国大气污染防治法》及《绿色施工导则》的相关内容，针对扬尘污染的治理，一些省市已出台了地方法规，其主要内容包括下面几点。

1. 确定合理的施工方案

在施工方案确定前，建设单位应会同设计、施工单位和有关部门对可能造成周围扬尘污染的施工现场进行检查，制定相应的技术措施并纳入施工组织设计范畴。

2. 控制过程中的粉尘污染

工程开挖施工中，表层土和砂卵石覆盖层可以用一般常用的挖掘机械直接挖装，对岩石层的开挖尽量采用凿裂法施工，或者采用凿裂法适当辅以钻爆法施工。采用湿法作业技术，凿裂和钻孔施工可减少粉尘。

3. 建筑工地周围设置硬质遮挡围墙

要保证场界四周隔挡高度位置，测得的大气总悬浮颗粒物每月平均浓度与城市背景值的差值不大于 0.08 mg/m^3。因此，工地周边必须设置一定高度的围蔽设施，且保证围墙封闭严密并保持整洁完整。工程脚手架外侧采用合格的密目式安全立网进行全封闭，封闭高度要高出作业面，并定期对立网进行清洗，若发现破损应立即更换。为了防止施工中产生飞扬的尘土、废弃物及杂物飘散，应当在其周围设置不低于堆放物高度的封闭性围栏或使用密目丝网覆盖；对粉末状材料应封闭存放。土方作业阶段宜采取洒水、覆盖等措施，达到作业区目测扬尘高度小于 1.5 m，且不扩散到场区外。

另外，为保证在结构施工、安装装饰装修阶段，作业区目测扬尘高度小于 0.5 m，场区内可能引起扬尘的材料及建筑垃圾搬运应有降尘措施，如覆盖、洒水等；浇筑混凝土前清理灰尘和垃圾时尽量使用吸尘器，避免使用吹风器等易产生扬尘的设备；机械剔凿作业时可采用局部遮挡、掩盖、水淋等防护措施；高层或多层建筑清理垃圾应搭设封闭性临时专用道或采用容器吊运及外挂密目网等措施。

4. 施工车辆控制

送土方、垃圾、设备及建筑材料等的施工车辆通常会污损场外道路，因此，必须采取措施封闭严密，保证车辆清洁。运输容易散落、飞扬、流漏的物料的车辆，例如散装建筑材料、建筑垃圾、渣土等不应装载过满，且车厢应确保牢固、严密，以避免物料散落造成扬尘。运输液体材料的车辆应当严密遮盖和有围护措施，防止在装运过程中沿途抛、洒、滴、漏。施工运输车辆不准带泥驶出工地，施工现场出口应设置洗车槽，以便车辆驶出工地前进行轮胎冲洗。

5. 场地处理

施工场地也是扬尘产生的重要因素，需要对施工工地的道路和材料加工区按规定进行硬化，保证现场地面平整，坚实无浮土。对于长时间闲置的施工工地，施工单位应当对其裸露工地进行临时绿化或者铺装。对现场易飞扬物质采取有效措施，如洒水、地面硬化、围挡、密网覆盖、封闭等，应最大限度地防止和减少扬尘产生。

6. 清拆建筑垃圾扬尘控制

清拆建筑物、构筑物时容易产生扬尘，需要在建筑物、构筑物拆除前做好扬尘控制计划。例如，当清拆建筑物时，应当对清拆建筑物进行喷淋除尘，并设置立体式遮挡尘土的防护设施。当进行爆破拆除时，可采用清理积尘、淋湿地面、预湿墙体、屋面敷水袋、楼面蓄水、建筑外设高压喷雾状水系统和搭设防尘排栅等综合降尘。另外，还要选择风力小的天气进行爆破作业，当气象预报风速达到4级以上时，应当停止房屋爆破或者拆除房屋。清拆建筑时，还可以采用静性拆除技术降低噪声和粉尘，静性拆除通常采用液压设备、无振动拆除设备等无声拆除设备拆除既有建筑物。

7. 其他措施

灰土和无机料拌和时应采用预拌进场，碾压过程要洒水降尘。在场址选择时，对于临时的、零星的水泥搅拌场地应尽量远离居民住宅区。装卸渣土、沙等物料严禁凌空抛撒，严禁从高处直接向地面清扫废料或者粉尘。建筑工程完工后，施工单位应及时拆除工地围墙、安全防护设施和其他临时设施，并将工地及四周环境清理干净。对于市政道路、管线敷设工程施工工地，应对淤泥、渣土采取围蔽、遮盖、洒水等防尘措施，当工程完工后，淤泥、渣土和建筑材料须及时清理。

第二节　噪声、振动与光污染控制

一、噪声与振动控制

（一）噪声的危害与治理现状

1. 建筑施工噪声的特点及危害

建筑施工噪声是指在建筑施工过程中产生的干扰周围生活环境的声音，它是噪声污染的一项重要内容，对居民的生活和工作会产生重要的影响。

建筑施工噪声被视为一种无形的污染，它是一种感觉性公害，被称为城市环境"四害"之一，共具有以下特点。

（1）普遍性

由于建筑工程的对象是城镇的各种场所及建筑物，城镇中任何位置都可能成为施工现场。因此，任何地方的城镇居民都可能受到施工噪声的干扰。

（2）突发性

由于建筑施工噪声是随着建筑作业活动的发生或某些施工设备的使用而出现的，因此对于城镇居民来说是一种无准备的突发性干扰。

（3）暂时性

建筑施工噪声的干扰随着建筑作业活动的停止而停止，因此是暂时性的。

此外，施工噪声还具有强度高、分布广、波动大、控制难等特点。

噪声对人体的影响是多方面的，研究资料表明：噪声在50 dB（A）以上开始影响睡眠和休息，特别是老年人和患病者对噪声更敏感；60 dB（A）的突然噪声会使大部分熟睡者惊醒；70dB（A）以上干扰交谈，妨碍听清信号，造成心烦意乱、注意力不集中，影响工作效率，甚至发生意外事故；长期接触90 dB（A）以上的噪声，会造成听力损失和职业性耳聋，甚至影响其他系统的正常生理功能；175 dB（A）的噪声可以致人死亡。而实际检测显示：建筑施工现场的噪声一般在90 dB（A）以上，甚至最高达到130 dB（A）。由于噪声易造成心理恐惧以及对报警信号的遮蔽，它又常是造成工伤死亡事故的重要配合因素，这不能不引起人们的高度重视，如何控制和防治建筑施工噪声也成为一个刻不容缓的话题。

2. 施工噪声的主要成因

在施工的不同阶段，使用各种不同的施工机械。根据不同的施工阶段，施工现场产生噪声的设备和活动包括：①土石方施工阶段：有装载机、挖掘机、推土机、运输车辆等；②打桩阶段：有打桩机、混凝土罐车等；③结构施工阶段：有电锯、混凝土罐车、地泵、汽车泵、振捣棒、支拆模板、搭拆钢管脚手架、模板修理和外用电梯等；④装修及机电设备安装阶段：有外用电梯、拆脚手架、石材切割、电锯等。

目前，城市建筑施工噪声的形成主要有以下原因：施工设备陈旧落后，部分施工单位受经济因素制约，在施工过程中使用简易、陈旧、质量低劣或技术落后的施工设备，导致施工时噪声严重超标，比如，一些单位使用的转盘电锯的噪声高达90 dB（A），某些打桩机的噪声高达115 dB（A）。施工设备的安置不合理，一些施工单位对电锯、混凝土搅拌机等噪声大的施工设备安置于不合理的位置,导致施工中产生的噪声影响周围居民的正常生活,比如缺少必要的降噪手段,一些施工单位将噪声极大的设备露天安置,不采取任何防噪、降噪措施,致使这些设备产生的噪声超出规范要求,一些施工单位为提高工程进度进行夜间施工,严重影响附近居民的正常生活秩序。

3. 治理现状

国家根据《中华人民共和国噪声污染防治法》并结合各地区的实际,对建筑施工噪声管理,做了具体的规定,主要内容包括:在城市市区范围内产生建设施工噪声的项目,应当符合国家规定的建筑施工场界环境噪声排放标准,不同施工阶段作业噪声限值如表4-1所示。

表 4-1 不同施工阶段作业噪声限值(等效声级 L_{eq}:dB)

施工阶段	主要噪声源	噪声限值	
		昼间	夜间
土石方	推土机、挖掘机、装载机等	75	55
打桩	各种打桩机等	85	禁止施工
结构	混凝土罐车、振捣棒、电锯等	70	55
装修	吊车、升降机等	62	55

注:①表中所列噪声值是指与敏感区域相应的建筑施工场地边界线处的限值。
②如有几个施工阶段同时进行,以高噪声阶段的限值为准。

施工前,在工程投标时应将建筑施工噪声的管理措施列为施工组织设计内容,并科学规定工程期限。在城市市区范围内建筑施工过程中,如果使用的机械设备可能产生噪声污染,施工单位必须在工程开工15日以前,向工程所在地县级以上地方人民政府环境保护行政主管部门申报该工程的项目名称、施工场所和期限、可能产生的环境噪声值以及采取防治措施的情况。

为了方便公众的监督,施工单位应该在施工时将环保牌悬挂在施工工地显著位置,并在环保牌上注明工地环保负责人及工地现场电话号码。若噪声排放超标,施工单位应采取积极有效措施,使噪声污染满足国家要求,否则,按国家规定缴纳超标排放费。严格控制夜间施工,有条件的情况下禁止夜间在居民区、医疗区、科研文教区等噪声敏感物集中区域内进行产生环境噪声污染的建筑施工作业，否则，应限制噪声的强度。规范规定：确因施工工艺要求或特殊需要，必须夜间连续作业的施工工艺应在5个工作日前提出申请，经市建设部门预审、所在地的区环保局批准后实施。经批准的夜间施工工地，应在夜间施工3个工作日前，公告工地周围的居民和单位。市区范围内应要求所有建设工程应使用商品混凝土，且应使用混凝土灌注桩和静压桩等低噪声工艺。

此外，对违反噪声污染防治法规定的施工单位，由环保部门给予处罚，情节严重的，将在新闻媒体曝光，直至建议建设部门吊销建筑施工许可证。这些违反噪声污染的行为包括：拒报或者谎报噪声排放事项；不按国家规定缴纳超标排污费；拒绝环保部门现场检查或者被检查时弄虚作假；夜间进行明文禁止的产生环境噪声污染等。

（二）建筑施工噪声与控制

1. 从声源上控制噪声

尽量选用低噪声设备和工艺代替高噪声设备与加工工艺，在施工过程中选用低噪声搅拌机、钢筋夹断机、振捣器、风机、电动空压机、电锯等设备，例如液压打桩机，在距离15 m处实测噪声级仅为50 dB（A），低噪声搅拌机、钢筋夹断机与旧搅拌机和钢筋切割机相比，声源噪声值可降低10 dB（A），可使施工场界严重超标点位的噪声降低3~6 dB（A）。同时，还需要对落后的施工设备进行淘汰。施工中采用低噪声新技术效果明显，例如，在桩施工中改变垂直振打的施工工艺为螺旋、静压、喷注式打桩工艺；以焊接代替铆接，用螺栓代替铆钉等可使噪声在施工中加以控制等。钢管切割机和电锯等小型设备通常用于脚手架搭设和模板支护，为了消减其噪声，一方面优化施工方案可改用定型组合模板和脚手架等，从而避免对钢管和模板的切割，同时也降低了施工成本；另一方面可将其移至地下室等隔声处避免对周边的干扰，同样在制作管道时也可采用相应的方式。

采取隔声与隔振措施可避免或减少施工噪声和振动，对施工设备采取降噪声措施，通常在声源附近安装消声器消声。消声器是防治空气动力性噪声的主要设备，它适用于气动机械，其消声效果为10~50 dB（A）。通常将消声器设置在通风机、鼓风机、压缩机、燃气轮机、内燃机等各类排气放空装置的进出风管的适当位置，常用的消声器有阻性消声器、抗性消声器、阻抗复合消声器、穿微孔板消声器等。为了经济合理起见，选用消声器种类与所需消声量、噪声源频率特征和消声器的声学特性及空气动力特征等因素有关。

2. 在传播途径上控制噪声

吸声是利用吸声材料（如玻璃棉、矿渣棉、毛毡、泡沫塑料、吸声砖、木丝板、甘蔗板等）和吸声结构（如穿孔共振吸声结构、微穿孔板吸声结构、薄板共振吸声结构等）吸收周围的声音，通过降低室内噪声的反射来降低噪声。

隔声的原理是声衍射，在正对噪声传播的路径上，设立一道尺度相对声波波长足够大的隔声墙来隔声，常用的隔声结构有隔声棚、隔声间、隔声机罩、隔声屏障等。从结构上分有单层隔声和双层隔声结构两种，由于隔声性能遵从"质量定律"，密实厚重的材料是良好的隔声材料，如砖、钢筋混凝土、钢板、厚木板、矿棉被等。由于隔声屏障具有效果好、应用较为灵活和比较廉价的优点，目前已被广泛应用于建筑施工噪声的控制上。例如在打桩机、搅拌机、电锯、振捣棒等强噪声设备周围设临时隔声屏障，可降噪约 15 dB。

隔振是防止振动能量从振动源传递出去，隔振装置主要包括金属弹簧、隔振器、隔振垫（如剪切橡皮、气垫）等，常用的材料还有软木、矿渣棉、玻璃纤维等。

阻尼是用内摩擦损耗大的一些材料来消耗金属板的振动能量并变成热能散失掉，从而抑制振动，致使辐射、噪声大幅度地消减，常用的阻尼材料有沥青、软橡胶和其他高分子涂料等。

3. 合理安排与布置施工

合理安排施工时间，除特殊建筑项目经环保部门批准外，一般项目，当对周围环境有较大影响时，应该采取夜间不施工。对于设备自身消除噪声比较困难，例如土方中的大型设备如挖掘机、推土机等，在施工过程中应采用合理安排作业时间的方法，而且在工作区域周边通过搭设隔声防震结构等方法消减对周边的影响。

合理布置施工场地，根据声波衰减的原理，可将高噪声设备尽量远离噪声敏感区，如某施工工地，两面是居民住宅，一面是商场，一面是交通干线，可将高噪声设备设置在交通干线一侧，其余的可靠近商场一侧，尽可能远离两面的居民点，这样高噪声设备声波经过一定距离的衰减，在施工场界噪声测量时测量两个居民点和一个商场敏感点，降低施工场界噪声 6 dB 以上。施工边界四周都是敏感点，但与施工场界的距离有远有近，可将高噪声设备设置在离敏感点较远的一侧，同时尽可能将设备靠近工地有利于降低施工场界噪声，这样既可避免设备离敏感点过近，又保证声波在开阔地扩散衰减。

4. 使用成型建筑材料

大多数施工单位都是在施工现场切割钢筋、加工钢筋骨架，一些施工场界较小，施工期较长的大型建筑，应选在其他地方将钢筋加工好运到工地使用。还有一些施工单位在施工场界内做水泥横梁和槽形板，造成施工场界噪声严重超标，若选用加工成型的建筑材料或异地加工成型后再运至工地，这样可大大降低施工场界噪声。

5. 严格控制人为噪声

进入施工现场不得高声叫喊，不得无故甩打模板、乱吹哨，限制高音喇叭的使用，最大限度地减少噪声扰民。模板、脚手架钢管的拆、立、装、卸要做到轻拿轻放，上下、前后有人传递，严禁抛掷。另外，所有施工机械、车辆必须定期保养维修，并在闲置时关机以免发出噪声。

二、光污染控制

（一）城市光污染的来源

光污染是新近意识到的一种环境污染，这种污染通过过量的或不适当的光辐射对人类生活和生产环境造成不良影响，它一般包括白亮污染、人工白昼污染和彩光污染。有时人们按光的波长分为红外光污染、紫外光污染、激光污染及可见光污染等。

光污染已成为一种新的城市环境污染源，正严重威胁着人类的健康。城市建设中光污染主要来源于建筑物表面釉面砖、磨光大理石、涂料，特别是玻璃幕墙等装饰材料形成的反光。随着夜景照明的迅速发展，特别是大功率高强度气体放电（HID）光源的广泛采用，使夜景照明亮度过高，形成了"人工白昼"；施工过程中，夜间施工的照明灯光及施工中电弧焊、闪光对接焊工作时发出的弧光等也是光污染的重要来源。

（二）光污染的危害

光污染虽未被列入环境防治范畴，但对它的危害认识越来越清晰，这种危害在日益加重和蔓延。在城市中玻璃幕墙不分场合的滥用，对人员、环境及天文观察造成一定的危害，成为建筑光学急需研究解决的问题。

首先，光的辐射及反射污染严重影响交通，街上和交通路口一幢幢大厦幕墙，就像一面面巨大的镜子在阳光照射下对车辆和红绿灯进行反射，光进入快速行驶的车内造成人突发性暂时失明和视力错觉，瞬间遮挡司机视野，令人感到头晕目眩，危害行人和司机的视觉功能而造成交通事故；建在居住小区的玻璃幕墙给周围居民生活也带来不少麻烦，通常幕墙玻璃的反射光比太阳光更强烈，刺目的强烈光线破坏了室内原有的气氛，使室温增高，影响到正常的生活，在长时间白色光亮污染环境下生活和工作，容易使人产生头昏目眩、失眠、心悸、食欲下降、心绪低落、神经衰弱及视力下降等病症，造成人的正常生理及心理发生变化，长期照射会诱使某些疾病加重。玻璃幕墙容易污染，尤其是大气含尘量多、空气污染严重、干燥少雨的北方广大地区，玻璃蒙尘纳垢难看，有碍市容。此外，由于一些玻璃幕墙材质低劣、施工质量差、色泽不均匀、波纹各异，光反射形成杂乱漫射，这样的建筑物外形只能使人感到光怪陆离，形成更严重的视觉污染。

其次，土木工程中钢筋焊接工作量较大，焊接过程中产生的强光会对人造成极大的伤害。电焊弧光主要包括红外线、可见光和紫外线，这些都属于热线谱。当这些光辐射作用在人体上时，机体组织便会吸收，引起机体组织热作用、光化学作用或电离作用，导致人体组织内发生急性或慢性的损伤。红外线对人体的危害主要是引起机体组织的热作用。在焊接过程中，如果眼部受到强烈的红外线辐射，便会立即感到强烈的灼痛甚至灼伤，发生闪光幻觉。长期接触可能造成红外线白内障、视力减退，严重时可导致失明。电焊弧光的可见光线的强度大约是肉眼正常承受光度的一万倍，当可见光线辐射人的眼睛时，会产生疼痛感，看不清东西，在短时间内失去劳动能力。电焊弧光中的紫外线对人体的危害主要是光化学作用，对人体皮肤和眼睛造成损害。当皮肤受到强烈的紫外线辐射后，可引起皮炎，弥漫性红斑，有时出现小水疱、渗出液，有烧灼感、发痒症状。如果这种作用强烈时伴有全身症状：头痛、头晕、易疲劳、神经兴奋、发烧、失眠等。紫外线过度照射人的眼睛，可引起眼睛急性角膜炎和结膜炎，即电光眼炎，这种现象通常不会立刻表现出来，多数被照射后 4~12 天发病，其症状是两眼高度畏光、流泪、异物感、刺痛、眼睑红肿、痉挛并伴有头痛和视物模糊。

最后，由于我国基础建设迅速开展，为了赶工期，夜间施工非常平凡。施工机具的灯光及照明设施在晚上会造成强烈的光污染。在远离城市的郊外夜空，可以看到几千颗星星，而在大城市却只能看到几十颗。可见，视觉环境已经严重威胁到人类的健康生活和工作效率，每年给人们造成大量损失。为此，关注视觉污染，改善视觉环境，已经刻不容缓。

（三）光污染的预防与治理

城市的光污染问题在欧美和日本等发达国家早已引起人们的关注，在多年前就开始着手治理光污染。随着光污染的加剧，我国在现阶段应该大力宣传光污染的危害，以便引起有关部门和人民群众的重视，在实际工作中来减少或避免光污染。

防治光污染是一项社会系统工程，由于我国长期缺少相应的污染标准与立法，因而不能形成较完整的环境质量要求与防范措施，需要有关部门制订必要的法律和规定，并采取相应的防护措施，而且应组织技术力量对有代表性的光污染进行调查和测量，摸清光污染的状况,并通过制订具体的技术标准来判断是否造成光污染。在施工图审查时就需要考虑光污染的问题,总结出防治光污染的措施、办法、经验和教训,尽快地制订我国防治光污染的标准和规范是当前的一项迫切任务。

尽量避免或减少施工过程中的光污染,在施工中灯具的选择应以日光型为主,尽量减少射灯及石英灯的使用,夜间室外照明灯应加设灯罩,透光方向集中在施工范围。

在施工组织计划时,应将钢筋加工场地设置在距居民和工地生活区较远的地方。若没有条件,应设置采取遮挡措施,如遮光围墙等,以避免电焊作业时,消除和减少电焊弧光外泄及电气焊等发出的亮光,还可选择在白天阳光下工作等施工措施来解决这些问题。此外,在规范允许的情况下尽量采用套筒连接。

第三节 水污染控制与土壤保护

一、水污染控制

水污染是指水体因某种物质的介入,而导致其化学、物理、生物或者放射性等方面特性的改变,从而影响水的有效利用,危害人体健康或者破坏生态环境,造成水质恶化的现象。

施工现场产生的污水主要包括雨水、污水(又分为生活和施工污水)两类。在施工过程中产生的大量污水,如没有经过适当处理就排放,便会污染河流、湖泊、地下水等水体,直接或间接地危害这些水体重大生物,最终危害人类及我们的环境。

(一) 建筑基础施工对地下水资源的影响

地表下土层或岩层中的水称为地下水,地下水通常以液态水形态存在,当温度低于0℃时,液态水转化为固态水。地下水按照其埋藏条件可分为上层滞水、潜水和承压水;按照含水介质类型可分为孔隙水、裂隙水、岩溶水。全球能够供人类使用的淡水资源十分有限,地下水是人类可以利用的分布最广泛的淡水资源,已经成为城市特别是干旱、半干旱地区的主要供水水源。

但是,近几年地下水环境的污染越来越严重。造成地下水资源污染的原因很多,其中,建筑施工对地下水的影响绝对是不容忽视的。首先,施工期的水质污染主要来自雨水冲刷和扬尘进入河水，从而增加了水中悬浮物浓度，污染地表水质。施工期间路面水污染物产生量与降水强度、次数、历时等有关，因建筑材料裸露，降雨时地表径流带走的污染物数量比营运期多，主要污染物是悬浮物、油类和耗氧类物质。土木工程在施工过程中会挖出大量的淤泥和废渣，如果直接排入水体或堆弃在田地上，会使水体混浊度增加，同时占压田地。施工期间对水体的油污染主要来自机械、设备的操作失误，导致用油的溢出、储存油的泵出、盛装容器残油的倒出、修理过程中废油及洗涤油污水的倒出、机械运转润滑油的倒出等，这些物质若直接排入水体后便形成了水环境中的油污染。施工区内有毒的物质、材料，如沥青、油料、化学品等，如保管不善被雨水冲刷进入水体，便会造成较大污染。路面铺设阶段，各种含沥青的废水和路面地表径流进入水体，对地表水有一定影响，再加上施工区人员集中，会产生较多的生活污水，如果这些生活污水未经处理直接排入附近水体或渗入地下，将对水源的使用功能产生较大影响。

其次，城市的地下工程的发展及城市的基础工程施工也会对地下水资源产生不利影响，如果在工程施工中不注重对地下水资源的保护和监测，地下水资源将会遭受严重的流失和污染，对经济的发展和生活环境造成巨大的负面影响。例如对于大型工程来说，随着基础埋置深度越来越深，基坑开挖深度的增加不可避免地会遇到地下水。由于地下水的毛细作用、渗透作用和侵蚀作用均会对工程质量有一定影响，所以必须在施工中采取措施解决这些问题。通常的解决办法有两种，即降水和隔水。降水对地下水的影响通常要强于隔水对地下水的影响，降水是强行降低地下水位至施工底面以下，使得施工在地下水位以上进行，以消除地下水对工程的负面影响。该种施工方法不仅造成地下水大量流失，改变地下水的径流路径，还由于局部地下水位降低，邻近地下水向降水部位流动，地面受污染的地表水会加速向地下渗透，对地下水造成更大的污染。更为严重的是由于降水局部形成漏斗状，改变了周围土体的应力状态，可能会使降水影响区域内的建筑物产生不均匀沉降，使周围建筑或地下管线受到影响甚至破坏，威胁人们的生命安全。再次，由于地下水的动力场和化学场发生变化，便会引起地下水中某些物理化学组分及微生物含量发生变化，导致地下水内部失去平衡，从而使污染加剧。最后，施工中为改善土体的强度和抗渗能力所采取的化学注浆，施工产生的废水、洗刷水、废浆以及机械漏油等都可能影响地下水质。

（二）施工现场的污水处理办法

我国相关建设部门针对施工现场的污水也采取了一定的处理办法，主要有如下几点。
(1) 污水排放单位应委托有资质的单位进行废水水质检测，提供相应的污水检测报告。

（2）保护地下水环境，采用隔水性能好的边坡支护技术，在缺水地区或地下水位持续下降的地区，基坑降水尽可能少地抽取地下水；当基坑开挖抽水量大于 50 万 m^3 时，应进行地下水回灌并避免地下水被污染。

（3）工地厕所的污水应配置三级无害化化粪池，不接市政管网的污水处理设施，或使用移动厕所，由相关公司集中处理。

（4）工地厨房的污水有大量的动、植物油，动、植物油必须先除去才可排放，否则将使水体中的生化需氧量增加，从而使水体发生富营养化作用，这对水生物将产生极大的负面影响，而动、植物油凝固并混合其他固体污物更会对公共排水系统造成阻塞及破坏。一般工地厨房污水应使用三级隔油池隔除油脂，常见的隔油池有两个隔间并设多块隔板，当污水注入隔油池时，水流速度减慢，使污水里较轻的固体及液体油脂和其他较轻废物浮在污水上层并被阻隔停留在隔油池里，而污水则由隔板底部排出。

（5）凡在现场进行搅拌作业的必须在搅拌机前台设置沉淀池，污水流经沉淀池沉淀后可进行二次使用，对于不能二次使用的施工污水，经沉淀池沉淀后方可排入市政污水管道。建筑工程污水包括地下水、钻探水等，含有大量的泥沙和悬浮物。一般可采用三级沉降池进行自然沉降，污水自然排放，大量淤泥需要人工清除可以取得一定的效果。

（6）对于化学品等有毒材料、油料的储存地，应有严格的隔水层设计，同时做好渗漏液收集和处理。对于机修含油废水一律不直接排入水体，集中后通过油水分离器处理，出水中的矿物油浓度需要达到 5 mg/L 以下，才能对处理后的废水进行综合利用。

（三）水污染的控制指标及防治措施

1. 水污染的控制指标

临时驻地离城区通常较远，污水主要为生活污水，无法排入城市污水处理系统。环境监理应控制施工单位在临时驻地的污水处理率，应要求施工单位在临时驻地设置简单的污水处理设施，通常为化粪池，处理达标后排放，以保护沿线的水资源。

施工废水主要为拌和站、预制场冲洗砂石物料废水和隧道施工废水等，其固体悬浮物较高，并经过碱性材料污染，因此，施工废水要经过必要的处理，达标后方可排放，环境监理要严格控制施工废水处理率，作为水环境保护措施的重要考核指标。

单项水质参数主要是对水环境质量进行评价控制，环境监理根据其抽测结果和环境监测站的定点监测结果，依据相应的标准进行评价，水质参数的标准型指数单元 I_i，大于

"1",表明该水质参数超过了规定的水质标准。

$$I_i = \frac{C_i}{S_i} \tag{4-1}$$

式中,C_i——某一质量参数的监测统计浓度;S_i——某一质量参数的评价标准。

其监测采样点应按第一、二类污染物排放口的规定设置,在排放口必须设置排放口标志、污水水量计量装置和污水比例采样装置。污水按生产周期确定监测频率,生产周期在 8 h 以内的,每 2 h 采样一次;生产周期大于 8 h 的,每 4 h 采样一次;其他污水采样期 24 h 不少于 2 次,最高允许排放浓度按日均值计算。

2. 防治措施

以《绿色施工导则》为中心,以《中华人民共和国水污染防治法》为依据,针对施工中水污染的现状特提出以下具体防治措施:

施工现场污水排放应达到国家标准《污水综合排放标准》(GB 8978)的要求。

施工期间做好地下水监测工作,监控地下水变化趋势,在施工现场应针对不同的污水,设置相应的处理设施,如沉淀池、隔油池、化粪池等,并与市政管网连接,且不能二次使用的施工污水,经沉淀池沉淀后方可排入市政污水管道。

保护地下水环境,可以采用隔水性能好的边坡支护技术,在缺水地区或地下水位持续下降的地区,基坑降水尽可能少地抽取地下水。当基坑开挖抽水量大于 50 万 m^3 时,应进行地下水回灌,同时避免地下水被污染,对于化学品等有毒材料、油料的储存地,应有严格的隔水层设计,并做好渗漏液收集和处理。施工前做好水文地质、工程地质勘察工作,并进行必要的抽水实验或计算,以正确估算可能的涌水量、漏斗降深及影响范围。

在施工过程中,观测周围地表沉降以免引起不均匀沉降,影响周围建筑物、构筑物以及地下管线的正常使用和危害人民生命财产安全,施工现场产生的污水不能随意排放,不能任其流出施工区域污染环境。

二、土壤保护

(一)土地资源的现状

土壤作为独立的自然体,是指位于地球陆地地表,包括具有浅层水地区的具有肥力、能生长植物的疏松层,由矿物质、有机质、水分和空气等物质组成,是一个非常复杂的系统。

从资源经济学角度来看，土地资源都是人类发展过程中必不可少的资源，而我国土地资源的现状表现为：①人口膨胀致使城市化的进程进一步加快，也在一步步地侵蚀和毁灭土壤的肥力；②过度过滥使用农药化肥，使土壤质量急剧下降；③污水灌溉、污泥肥田、固体废物和危险废物的土壤填埋、土壤的盐碱化、土地沙漠化对土壤的污染和破坏显见又难以根治，西部地区（特别是西北地区）土壤退化与土壤污染状况非常严重，仅西北五省及内蒙古自治区的荒漠化土地面积就超过 212.8 万 km^2，已占全国荒漠化面积的 81%，其中重度荒漠化土地就有 102 万 km^2，目前，我国受污染的耕地近 2 000 万 km^2，约占耕地面积的 1/5。因此，土壤的完全退化与破坏是生态难民形成的重要原因。

基于上述因素，对于土壤的保护应该说是非常迫切的。然而，发达国家从 20 世纪五六十年代就开始有了有关农业的立法及相关土壤保护的法规，现在有一些国家也制定了土壤环境保护的专项法，如日本、瑞典等，而我国现行法律对土壤的保护注重的只是其经济利益的可持续性，而对作为环境要素的土壤保护是远远不够的。

（二）土壤保护的措施

（1）保护地表环境，必须防止土壤侵蚀、流失，因施工造成的裸土，及时覆盖砂石或种植速生草种，以减少土壤侵蚀；因施工造成容易发生地表径流土壤流失的情况，应采取设置地表排水系统、稳定斜坡、植被覆盖等措施，减少土壤流失。

（2）沉淀池、隔油池、化粪池等不发生堵塞、渗漏、溢出等现象，及时清掏各类池内沉淀物，并委托有资质的单位清运。

（3）对于有毒有害废弃物，如电池、墨盒、油漆、涂料等应回收后交有资质的单位处理，不能作为建筑垃圾外运，避免污染土壤和地下水。

（4）施工后应恢复被施工活动破坏的植被。与当地园林、环保部门或当地植物研究机构进行合作，在先前开发地区种植当地或其他合适的植物，以恢复剩余空地地貌或科学绿化，补救施工活动中人为破坏植被和对地貌造成的土壤侵蚀。

在城市施工时如有泥土场地易污染现场外道路时可设立冲水区，用冲水机冲洗轮胎，防止污染施工外部环境。修理机械时产生的液压油、机油、清洗油料等废油不得随地泼倒，应收集到废油桶中并统一处理。禁止将有毒、有害的废弃物用作土方回填。

限制或禁止黏土砖的使用，降低路基并充分利用粉煤灰。毁田烧砖是利益的驱动，也是市场有需求的后果。节约土地要从源头上做起，即推进墙体材料改革，建筑业以新型节能的墙体材料代替实心黏土砖，让新型墙体材料占领市场。

推广降低路基技术，节约公路用地。修建公路取土毁田会对农田造成极大的毁坏，因此有必要采用新技术来降低公路建设对土地资源的耗费。我国火力发电仍占很大比例，加上供暖所产生的工业剩余粉煤灰总量极大，这些粉煤灰需要占地堆放，如果将这些粉煤灰用于公路建设将是一个便于操作、立竿见影的节约和集约化利用土地的好方法。

第四节 建筑垃圾控制

工程施工过程中每日均生产大量废物，例如泥沙、旧木板、钢筋废料和废弃包装物料等，这些基本用于回填，大量未处理的垃圾露天堆放或简易填埋，便会占用大量宝贵土地并污染环境。

根据对砖混结构、全现浇结构、框架结构等建筑的施工材料损耗进行粗略统计，在每万平方米的建筑施工过程中，仅建筑废渣就会产生 500~600 t，而如此巨量的建筑施工垃圾，绝大部分未经任何处理，便被建筑施工单位运往郊外或乡村，采用露天堆放或填埋的方式进行处理，这种处理方法不仅耗用了大量的耕地及垃圾清运等建设经费，而且还给环境治理造成了非常严重的后果，不能适应建筑垃圾的迅猛增长，且不符合可持续发展战略。因而，自 20 世纪 90 年代以后，世界上许多国家，特别是发达国家已把城市建筑垃圾减量化和资源化处理作为环境保护和可持续发展战略目标之一。对于我国，现有建筑总面积 400 多亿平方米，以每万平方米建筑施工过程中产生建筑废渣 500~600 t 的标准进行粗略推算，我国现有建筑面积至少产生了 20 亿 t 建筑废渣，这些建筑垃圾绝大部分采用填埋方式处理掉了，这一方式不仅要大量耗资征用土地，而且造成了严重的环境污染，对资源也造成了严重的浪费。如何处理和排放建筑垃圾，已经成为建筑施工企业和环境保护部门面临的一道难题。

填埋建筑垃圾的主要危害在于：首先是占用大量土地。建筑垃圾消纳场，占用了不少的土地资源。其次是造成严重的环境污染，建筑垃圾中的建筑用胶、涂料、油漆不仅是难以生物降解的高分子聚合物材料，而且含有有害的重金属元素，这些废弃物被埋在地下，会造成地下的水被污染，并可危害到周边居民的生活。最后是破坏土壤结构、造成地表沉降，现今的填埋方法是垃圾填埋 8 m 后加埋 2 m 土层，在这样的土层之上基本难以生长植被。在填埋区域，地表则会产生较大的沉降，这种沉降要经过相当长的时间才能达到稳定状态。建筑施工垃圾的费用在整个工程中所占的比重是不可轻视的，同时也可以反映施工单位的管理情况。从施工的经济效益来看，施工过程中尽量减少施工垃圾的数量可以取得良好的施工经济效益。

一、建筑施工垃圾产生的主要原因和组成

目前，我国建筑垃圾的数量已占到城市垃圾总量的30%~40%，每万平方米建筑，产生建筑垃圾600 t，而拆1 m²混凝土建筑，就会产生近1 t的建筑垃圾。建筑垃圾多为固体废弃物，主要来自建筑活动中的三个环节：建筑物的施工过程、建筑物的使用和维修过程以及建筑物的拆除过程。建筑施工过程中产生的建筑垃圾主要有碎砖、混凝土、砂浆、包装材料等；使用过程中产生的主要有装修类材料、塑料、沥青、橡胶等；建筑拆卸时产生的主要有废混凝土、废砖、废瓦、废钢筋、木材、碎玻璃、塑料制品等。

（一）碎砖

产生碎砖的主要原因包括：①运输过程、装卸过程；②设计和采购的砌体强度过低；③不合理的组砌方法和操作方法产生了过多的砍砖；④加气混凝土块的施工过程中未使用专用的切割工具，随意用瓦刀或锤等工具进行切块；⑤施工单位造成的倒塌。

（二）砂浆

砂浆产生建筑垃圾的主要原因包括：①砌筑砌体时由于铺灰过厚，导致多余砂浆被挤出；②砌体砌筑时产生的舌头灰未进行回收；③运输过程中，使用的运输工具产生了漏浆现象；④在水平运输时，由于运输车装浆过多；⑤在垂直运输时，由于运输车辆停放不妥造成翻倒；⑥搅拌和运输工具未及时清理；⑦落地灰未及时清理利用；⑧抹灰质量不合格而重新施工。

（三）混凝土

产生混凝土垃圾的主要原因有：①由于模板支设不合理，造成胀模面后修整过程中漏浆；②浇筑时造成的溢出和散落；③由于模板支设不严密，而造成漏浆现象；④拌制多余的混凝土；⑤大多数工程采用混凝土灌注桩，根据规范和设计要求，桩一般打至设计基底标高上500 mm，以便土方开挖后将上部浮浆截去，由于桩基施工单位的技术水平和工人的操作水平所制约，往往出现超打混凝土500~1 500 mm，造成截下的桩头成为混凝土施工垃圾。

（四）木材

建筑中使用的木材主要为方木和多层胶合木（竹）板，通常用于建筑工程的模板体系。由于每个建筑物的设计风格和使用用途不同，所制作的多层胶合木（竹）板均在一个工程中一次性摊销，只有部分方木可以回收利用，其产生垃圾的主要原因：①使用过程中根据实际尺寸截去多余的方木；②刨花、锯末；③拆模中损坏的模板；④周转次数太多而不能继续使用的模板；⑤配制模板时产生的边角废料。

（五）钢材

建筑工程中所使用的钢材主要用于基础、柱、梁、板等构件，钢材垃圾产生的主要原因有：①钢筋下料过程中所剩余的钢筋头；②钢材的包装袋；③不合理的下料造成的浪费部分；④多余的采购部分。

（六）装饰材料

装饰材料主要用于建筑工程的内外装饰部分，装饰材料产生垃圾的主要原因有：①订货规格不合理造成多余切割量；②运输、装卸不当而造成的破损；③设计装饰方案改变造成的材料改变；④施工质量不合格造成返工。

（七）包装材料

包装材料产生垃圾的主要原因有：①防水卷材的包装纸；②块体装饰材料的外包装；③设备的外包装箱；④门窗的外保护材料。

不同结构类型的建筑所产生的垃圾，各种成分的含量虽有所不同，但其基本组成是一致的。

二、建筑施工垃圾的控制和回收利用

要减少建筑施工垃圾对环境造成的污染，要从控制垃圾产生数量与发展回收利用两个方面入手，建筑施工垃圾的控制应遵从以下几点：制订建筑垃圾减量化计划，如住宅建筑，每万平方米的建筑垃圾不宜超过 400 t。加强建筑垃圾的回收再利用，力争建筑垃圾的再利用和回收率达到 30%，建筑物拆除产生的废弃物的再利用和回收率大于 40%。对于碎石类、土石方类建筑垃圾，可采用地基填埋、铺路等方式提高再利用率，力争再利用率大于50%。施工现场生活区设置封闭式垃圾容器，施工场地生活垃圾实行袋装化，及时清运。对建筑垃圾进行分类，并收集到现场封闭式垃圾站，集中运出。

（一）建筑垃圾的综合利用研究情况

建筑垃圾中存在的许多废弃物经分拣、剔除或粉碎后，大多可以作为再生资源进行重新利用，例如，存在于建筑垃圾中的各种废钢配件等金属，废钢筋、废铁丝、废电线等经分拣、集中、重新回炉后，可以再加工制造成各种规格的钢材；废竹、木材则可以用于制造人造木材；砖、石、混凝土等废料经破碎后可以代替砂、石材料，用于砌筑砂浆、抹灰砂浆、打混凝土垫层等，还可以用于制作砌块、再生骨料混凝土、铺道砖、花格砖等建材制品。可见，综合利用建筑垃圾是节约资源、保护生态的有效途径。

（二）建筑垃圾的综合利用方式

1. 建筑垃圾砖

建筑垃圾砖的生产步骤包括：①建筑垃圾进行粗破碎并筛除一部分废土，除去废金属、塑料、木条、装饰材料等杂质，存入中间料库；②将分选得到的粗破碎送到二次破碎机组，经双层振动筛，将粒径≥10 mm的材料送回二次破碎机组进行再次破碎，对形成5~10 mm粒径材料送成品料区，将5 mm以下的材料送到成品筛继续筛分，分成2 mm以下和2~5 mm的材料，然后分别送到成品料区；③将这三种类型的材料，5~10 mm、2~5 mm、2 mm以下按比例送入搅拌机后，再掺入一定比例的水、水泥、粉煤灰等添加剂，搅拌均匀送到液压砌块机成型，28天自然养护即可。

设建筑垃圾运送到工厂的费用为建筑垃圾或废料运到工厂通常不需要成本，即该部分费用为负值或为0；再生混凝土骨料的加工费用该部分所需费用可以用S_1补偿一部分；再生混凝土多孔砖的制砖费用S_3。该部分费用与普通混凝土多孔砖的制砖费用相同。欧盟、美国、日本等国每年混凝土废料超过3.6亿t，这些国家和地区对混凝土和钢筋混凝土废料再加工得到的再生骨料能耗比开采天然碎石要低7倍，成本可降低25%。

建筑垃圾砖与传统烧结砖相比，其优点有：建筑垃圾砖无须建窑焙烧与蒸养，投资相对较少；建筑垃圾砖的抗压抗折强度较高（10 MPa以上），且各项性能指标均符合国家标准；建筑垃圾砖的材料来源广泛，制作成本较低（0.07~0.08元/块）；建筑垃圾砖的生产占用场地小，压制成型，劳动强度小，成品率高；建筑垃圾砖消化建筑垃圾，无污染、无残留物、噪声小，可变废为宝，保护环境，促进资源再生利用，节省大量土地资源。

建筑垃圾砖产品规格包括：240 mm × 115 mm × 53 mm、180 mm × 115 mm × 115 mm、240 mm × 115 mm × 115 mm、115 mm × 115 mm × 115 mm。强度等级为MU7.5、MU10、MU15、MU20、MU30，这种砌体的施工工艺与质量控制可按《砌体结构工程施工质量验收规范》（GB 50203-2011）的要求。由于建筑垃圾砖的吸水性能与黏土砖相比有较大的不同，施工中应注意以下四个问题：因为建筑垃圾砖属于水泥制品，其吸水性较黏土砖差，施工中应减少浸水时间；砂浆稠度应控制在50~70 mm，在炎热夏季可适当再调整砂浆稠度；在砌体砌筑过程中应正确留置出各种洞口、管道沟槽、脚手眼等，切不可在砌筑完成后再凿洞口。未经设计部门同意不得在承重墙中随意预留和打凿水、暖、电水平沟槽，正常施工条件下，每日砌筑高度宜控制在1.5 mm或一步脚手架高度，不能因为抢工期而加速施工，雨期施工应注意覆盖；建筑垃圾砖采用自然养护工艺，当气温较低时养护28天难以保证产品质量，建议在厂内养护和堆放40天后方可出厂；建筑垃圾砖进场后应按验收规范要求进行材料检测。

2. 再生骨料混凝土

一般将废弃混凝土经过破碎、分级、清洗并按一定比例配合后作为新拌混凝土的骨料，这样的骨料被称为再生骨料，把利用再生骨料作为部分或全部骨料的混凝土称为再生骨料混凝土，利用废弃混凝土再生骨料拌制的再生骨料混凝土是发展绿色混凝土的主要措施之一。

再生骨料混凝土的开发利用开始于发达国家，我国近些年来才开始尝试开发再生骨料混凝土，我国政府也高度重视对这项技术的开发和利用，在我国中长期社会可持续发展战略中就鼓励废弃物的研究开发和利用。

由建筑垃圾中砖石砌体、混凝土块循环再生的骨料，与天然岩石骨料相比，具有孔隙率高、吸水性大、强度低等特征，这些特性将导致再生骨料混凝土与天然骨料混凝土的特性有较大差别。首先，因为再生骨料的孔隙率大、吸水性强的特性，会导致用再生骨料新拌混凝土的工作性（包括流动性、可塑性、稳定性、易密性）下降；其次，再生骨料混凝土硬化后的特性（强度、应力-应变关系、弹性模量、泊松比、收缩、徐变）都会与天然骨料有所不同。例如，再生骨料的多孔隙会导致混凝土弹性模量减小，强度降低，刚度减小。另外，吸水率高还会导致失水后混凝土干缩与徐变增大。

同配合比再生混凝土与采用天然骨料配制的普通混凝土在性质上存在差异，主要是因为再生骨料具有不同特性所引起。大量研究资料表明，再生骨料通常具有以下特性：表面粗糙，棱角多；含有大量的水泥砂浆；存在多种杂质，如玻璃、土壤、沥青等；再生骨料的过程中，由于骨料内部的损伤积累会导致再生骨料内部有大量的原生裂纹发生。基于这些原因，使用再生骨料配制而成的再生混凝土工作性能较差、弹性模量较小、干缩与徐变较大、耐久性不高。

目前，再生骨料混凝土主要用于地基加固、道路工程的垫层、室内地坪垫层、砌块砖等方面，要扩大其应用范围，将再生骨料混凝土用于钢筋混凝土结构工程中，必须对再生骨料进行改性强化处理。

3. 建筑砂浆

将废砖破碎后用作混凝土的骨料是一个很好的解决废砖重新利用的途径，特别适用于缺乏天然骨料的地区，然而在实际应用中，废砖破碎成混凝土所需的粗骨料的过程中，不可避免地会产生大量的小的颗粒或砖粉。利用废砖粉代替部分天然砂配制再生砂浆，不仅能降低建筑砂浆的生产成本、节约天然砂资源，而且还可减少废黏土砖排放中对环境的污染、土地的占用等负面影响。当废砖粉取代天然砂用于配制再生砂浆时取代率不宜过大，否则再生砂浆的和易性将很难满足施工要求。采用添加减水剂的措施，可增加取代率，对再生砂浆的其他相关性能等还需进一步研究，但这种思路不失为一个发展建筑废弃物循环再利用的新途径。

建筑垃圾再利用本身就是一个环保范畴的项目，因此，在建筑垃圾再利用过程中应该注意避免噪声、粉尘、烟尘等方面的二次污染。

第五节　地下设施、文物和资源保护

地下设施主要包括人防地下空间、民用建筑地下空间、地下通道和其他交通设施、地下市政管网等设施，这类设施通常处于隐蔽状态，在施工中如果不采取必要的措施极其容易受到损害，一旦对这些设施进行损害往往会造成很大的损失。保护好这类设施的安全运行对于确保国民经济的生产和居民正常生活具有十分重要的意义。文物作为我国古代文明的象征，采取积极措施千方百计地保护地下文物是每一个人的责任。当今世界矿产资源短缺的现状，使各国的危机感大大提高，并竞相加速新型资源的研发，因此，现阶段做好矿产资源的保护工作也是搞好文明施工、安全生产的重要环节。

地下设施、文物和资源通常具有不规律及不可见性，对其保护时需要我们仔细勘探、精密布局、谨慎施工等多项要求。

一、施工前的要求

开始前应调查清楚地下各种设施，做好保护计划，保证施工场地周边的各类管道、管线、建筑物、构筑物的安全运行。

施工单位必须严格执行上级部门对市政工程建设在文明施工方面所颁发的条例、制度和规定。在开始土方基础工程开挖作业前，必须对作业点的地下土层、岩层进行勘察，以探明施工部位是否存在地下设施、文物或矿产资源，勘察结果应报相应工程师批准。如果根据勘察结果认为施工场地存在地下设施、文物或资源，应向有关单位和部门进行咨询和查询。

对于已探明的地下设施、文物及资源，应采取适当的措施进行保护，其保护方案应事先取得相应部门的同意并得到监理工程师的批准。比如，对于已探明的地下管线，施工单位需要进一步收集管线资料，并请管线单位监护人员到场，核对每根管线确切的标高、走向、规格、容量、完好程度等，做好记录并填写《管线施工配合业务联系单》，交与相关单位签认，并与业主及相关部门积极联系，进一步确认本工程范围中管线走向及具体位置。然后，根据管线走向及具体位置，在相应地面上做出标志，宜用白灰标志，当管线挖出后应及时给予保护。回填时，回填土应符合相关要求，必须注意土中不应含有粒径较大的石块，雨期施工时则应采取必需的降、排水措施，及时把积水排除。对于道路下的给水管线和污水管线，除采取以上措施外，在车辆穿越时，应设置土基箱，以确保管线受力后不变形、不断裂，对于工程中有管线的位置将设置警示牌。

对于施工场区及周边的古树名木采取避让方法进行保护，并制订最佳的施工方案，在施工过程中统计并分析施工项目的CO_2排放量，以及各种不同植被和树种的CO_2固定量。

二、施工过程中的保护措施

开工前和实施过程中，施工负责人应认真向班组长和每一位操作工人进行管线、文物及资源方面的技术交底，明确各自的责任。应设置专人负责地下相关设施、文物及资源的保护工作，并需要经常检查保护措施的可靠性，当发现现场条件变化、保护措施失效时应立即采取补救措施，要督促检查操作人员（包括民工）遵守操作规程，制止违章操作、违章指挥和违章施工。

开挖沟槽和基坑时，无论人工开挖还是机械挖掘均需分层施工，每层挖掘深度易控制在 20~30 cm。一旦遇到异常情况，必须仔细而缓慢挖掘，把情况弄清楚后或采取措施后方可按照正常方式继续开挖。

施工过程中如遇到露出的管线，必须采取相应的有效措施，如进行吊托、拉攀、砌筑等固定措施，并与有关单位取得联系，配合施工，以求施工安全可靠。在施工过程中一旦发现文物，立即停止施工，保护现场并尽快通报文物部门并协助文物部门做好相应的工作。施工过程中发现现状与交底或图纸内容、勘探资料不相符时或出现直接危及地下设施、文物或资源安全的异常情况时，应及时通知相关单位到场研究，商议制订补救措施，在未做出统一结论前，施工人员和操作人员不得擅自处理。施工过程中一旦发现地下设施、文物或资源出现损坏事故，必须在 24 h 内报告主管部门和业主，且不得隐瞒。

第五章 绿色施工的综合技术

第一节 地基与基础结构的绿色施工技术

一、深基坑双排桩加旋喷锚桩支护的绿色施工技术

(一) 双排桩加旋喷锚桩技术适用条件

双排桩加旋喷锚桩基坑支护方案的选定须综合考虑工程的特点和周边的环境要求,在满足地下室结构施工以及确保周边建筑安全可靠的前提下尽可能地做到经济合理、方便施工以及提供工效,其适用于如下情况:①基坑开挖面积大、周长长、形状较规则、空间效尤其应慎防侧壁中段变形过大;②基坑开挖深度较深,周边条件各不相同,差异较大,有的侧壁比较空旷,有的侧壁条件较复杂;基坑设计应根据不同的周边环境及地质条件进行设计,以实现"安全、经济、科学"的设计目标;③基坑开挖范围内如基坑中下部及底部存在粉土、粉砂层,一旦发生流沙,基坑稳定将受到影响;④地下水主要为表层素填土中的上层滞水以及赋存的微承压水,应做好基坑止水降水措施。

(二) 双排桩加旋喷锚桩支护技术

1. 钻孔灌注桩结合水平内支撑支护技术

水平内支撑的布置可采用东西对撑并结合角撑的形式布置,该技术方案对周边环境影响较小,但该方案存在两个缺点:一是没有施工场地,考虑工程施工场地太过紧张因素,若按该技术方案实施的话则基坑无法分块施工,周边安排好办公区、临时道路等基本临设后,已无任何施工场地。二是施工工期延长,内支撑的浇筑、养护、土方开挖及后期拆撑

等施工工序均增加施工周期，建设单位无法接受。

2. 单排钻孔灌注桩结合多道旋喷锚桩支护技术

锚杆体系除常规锚杆以外还有一种比较新型的锚杆形式叫加筋水泥土桩锚。加筋水泥土是指插入加劲体的水泥土，加劲体可采用金属的或非金属的材料。它采用专门机具施作，直径200~1 000mm，可为水平向、斜向或竖向的等截面、变截面或有扩大头的桩锚体。加筋水泥土桩锚支护是一种有效的土体支护与加固技术，其特点是钻孔、注浆、搅拌和加筋一次完成。适用于砂土、黏性土、粉土、杂填土、黄土、淤泥、淤泥质土等土层中的基坑支护和土体加固。加筋水泥土桩锚可有效解决粉土、粉砂中锚杆施工困难问题，且锚固体直径远大于常规锚杆锚固体直径，所以可提供锚固力大于常规锚杆。

该技术可根据建筑设计的后浇带的位置分块开挖施工，则场地有足够的施工作业面，并且相比内支撑可节约一定的工程造价，该技术不利的一点是加筋水泥土桩锚下层土开挖时，上层的斜桩锚必须有14天以上的养护时间并已张拉锁定，多道旋喷锚桩的施工对土方开挖及整个地下工程施工会造成一定的工期影响。

3. 双排钻孔灌注桩结合一道旋喷锚桩支护技术

为满足建设单位的工期要求，须减少桩锚道数，但桩锚道数减少势必会减少支点，引起围护桩变形及内力过大，对基坑侧壁安全造成较大的影响。双排桩支护形式前后排桩拉开一定距离，各自分担部分土压力，双排桩桩顶通过刚度较大的压顶梁连接，由刚性冠梁与前后排桩组成一个空间超静定结构，整体刚度很大，加上前后排桩形成与侧压力反向作用的力偶的原因，使双排支护结构位移相比单排悬臂桩支护体系而言明显减少。但纯粹双排桩悬臂支护形式相比桩锚支护体系变形较大，且对于深11m基坑很难有安全保证。综合考虑，为了既加快工期又保证基坑侧壁安全，采用双排钻孔灌注桩结合一道旋喷锚桩的组合支护形式。

（三）基坑支护绿色施工技术

1. 钻孔灌注桩绿色施工技术

基坑钻孔灌注桩混凝土强度等级为水下C30，压顶冠梁混凝土等级C30，灌注桩保护层为50mm；冠梁及连梁结构保护层厚度30mm；灌注桩沉渣厚度不超过100mm，充盈系数1.05~1.15，桩位偏差不大于100mm，桩径偏差不大于50mm，桩身垂直度偏差不大于1/2000。钢筋笼制作应仔细按照设计图纸避免放样错误，并同时满足国家相关规范要求。灌注桩钢筋采用焊接接头，单面焊10dm，双面焊5dm，同一截面接头不大于50%，接头间相互错开 35dm，坑底上下各 2m 范围内不得有钢筋接头，纵筋锚入压顶冠梁或连梁内直锚段不小于 $0.6t_{ab}$，90°弯锚度不小于 12dm。为保证粉土粉砂层成桩质量，施工时应根据地质情况采取优质泥浆护壁成孔、调整钻进速度和钻头转速等措施，或通过成孔试验确保围护桩跳打成功。

灌注桩施工时应严格控制钢筋笼制作质量和钢筋笼的标高，钢筋笼全部安装入孔后，应检查安装位置，特别是钢筋笼在坑内侧和外侧配筋的差别，确认符合要求后，将钢筋笼吊筋进行固定，固定必须牢固、有效。混凝土灌注过程中应防止钢筋笼上浮和低于设计标高。

2. 旋喷锚桩绿色施工技术

基坑支护设计加筋水泥土桩锚采用旋喷桩，考虑到对被保护周边环境等的重要性，施工的机具为专用机具——慢速搅拌中低压旋喷机具，该钻机的最大搅拌旋喷直径达 1.5m，最大施工（长）深度达 35m，需搅拌旋喷直径为 500mm，施工深度为 24m。旋喷锚桩施工应与土方开挖紧密配合，正式施工前应先以锚桩设计标高为准开挖低于标高面向下 300mm 左右、宽度为不小于 6m 的锚桩沟槽工作面。

旋喷锚桩施工应采用钻进、注浆、搅拌、插筋的方法。水泥浆采用 42.5 级普通硅酸盐水泥，水泥掺入量 20%，水灰比 0.7（可视现场土层情况适当调整），水泥浆应拌和均匀，随拌随用，一次拌和的水泥浆应在初凝前用完。旋喷搅拌的压力为 29MPa，旋喷喷杆提升速度为 20~25cm/min，直至浆液溢出孔外，旋喷注浆应保证扩大头的尺寸和锚桩的设计长度。锚筋采用 3~4 根 415.2 预应力钢绞线制作，每根钢绞线抗拉强度标准值为 1 860MPa，每根钢绞线由 7 根钢丝绞合而成，桩外留 0.7m 以便张拉。钢绞线穿过压顶冠梁时自由段钢绞线与土层内斜拉锚杆要成一条直线，自由段部位钢绞线需加 φ60 塑料套管，并做防锈、防腐处理。

在压顶冠梁及旋喷桩强度达到设计强度 75%后用锚具锁定钢绞线，锚具采用 OVM 系列，锚具和夹具应符合《预应力筋用锚具、夹具和连接器应用技术规程》（JGJ 85-2010），张拉采用高压油泵和 100 吨穿心千斤顶。

正式张拉前先用 20%锁定荷载预张拉两次，再以 50%、100%的锁定荷载分级张拉，然后超张拉至 110%设计荷载，在超张拉荷载下保持 5 分钟，观测锚头无位移现象后再按锁定荷载锁定，锁定拉力为内力设计值的 60%。锚桩的张拉，其目的就是要通过张拉设备使锚桩自由段产生弹性变形，从而对锚固结构施加所需的预应力值，在张拉过程中应注重张拉设备选择、标定、安装、张拉荷载分级、锁定荷载以及量测精度等方面的质量控制。

(四) 地下水处理的绿色施工技术

1. 三轴搅拌桩全封闭止水技术

基坑侧壁采用三轴深层搅拌桩全封闭止水,32.5 级复合水泥,水灰比 1.3,桩径 850mm,搭接长度 250mm,水泥掺入量 20%,28d 抗压强度不小于 1.0MPa,坑底加固水泥掺入量 12%。三轴搅拌施工按顺序进行,其中阴影部分为重复套钻,保证墙体的连续性和接头的施工质量,保证桩与桩之间充分搭接,以达到止水作用。施工前做好桩机定位工作,桩机立柱导向架垂直度偏差不大于 1/250。相邻搅拌桩搭接时间不大于 15 小时,因故搁置超过 2 小时以上的拌制浆液不得再用。

三轴搅拌桩在下沉和提升过程中均应注入水泥浆液,同时严格控制下沉和提升速度。根据设计要求和有关技术资料规定,搅拌下沉速度宜控制在 0.5~1.0m/min,提升速度宜控制在 1.0~1.5m/min,但在粉土、粉砂层提升速度应控制在 0.5m/min 以内,并视不同土层实际情况控制提升速度。若基坑工程相对较大,三轴水泥土搅拌桩不能保证连续施工,在施工中会遇到搅拌桩的搭接问题,为了保证基坑的止水效果,在搅拌桩搭接的部位采用双管高压旋喷桩进行冷缝处理。

2. 坑内管井降水技术

基坑内地下水采用管井降水,内径 400mm,间距约 20m。管井降水设施在基坑挖土前布置完毕,并进行预抽水,以保证有充足的时间、最大限度地降低土层内的地下潜水及降低微承压水头,保证基坑边坡的稳定性。

管井施工工艺流程:井管定位→钻孔、清孔→吊放井管→回填滤料、洗井→安装深井降水装置→调试→预降水→随挖土进程分节拆除井管,管井顶标高应高于挖土面标高 2m 左右→降水至坑底以下 1m→坑内布置盲沟,坑内管井由盲沟串联成一体,坑内管井管线由垫层下盲沟接出排至坑外→基础筏板混凝土达到设计强度后根据地下水位情况暂停部分坑中管井的降排水→地下室坑外回填完成停止坑边管井的降水→退场。

管井的定位采用极坐标法精确定位,避开桩位,并避开挖土主要运输通道位置,严格做好管井的布置质量以保证管井抽水效果,管井抽水潜水泵采用根据水位自动控制。

二、超深基坑开挖期间基坑监测的绿色施工技术

(一) 超深基坑监测绿色施工技术概述

随着城市建设的发展,向空中求发展、向地下深层要土地便成了建筑商追求经济效益

的常用手段，产生了深基坑施工问题，在深基坑施工过程中，由于地下土体性质、荷载条件、施工环境的复杂性和不确定性，仅根据理论计算以及地质勘察资料和室内土工试验参数来确定设计和施工方案，往往含有许多不确定因素，尤其是对于复杂的大中型工程或环境要求严格的项目，对在施工过程中引发的土体性状、周边环境、邻近建筑物、地下设施变化的监测已成了工程建设必不可少的重要环节。

根据广义虎克定律所反映的应力应变关系，界面结构的内力、抗力状态必将反映到变形上来。因此，可以建立以变形为基础来分析水土作用与结构内力的方法，预先根据工程的实际情况设置各类具有代表性的监测点，施工过程中运用先进的仪器设备，及时从各监测点获取准确可靠的数据资料，经计算分析后，向有关各方汇报工程环境状况和趋势分析图表，从而围绕工程施工建立起高度有效的工程环境监测系统，要求系统内部各部分之间与外部各方之间保持高度协调和统一，从而起到的作用有：为工程质量管理提供第一手监测资料和依据，可及时了解施工环境中地下土层、地下管线、地下设施、地面建筑在施工过程中所受的影响及影响程度；可及时发现和预报险情的发生及险情的发展程度；根据一定的测量限值做预警预报，及时采取有效的工程技术措施和对策，确保工程安全，防止工程破坏事故和环境事故的发生；靠现场监测提供动态信息反馈来指导施工全过程，优化诸相关参数，进行信息化施工；可通过监测数据来了解基坑的设计强度，为今后降低工程成本指标提供设计依据。

（二）超深基坑监测绿色施工技术特点

深基坑施工通过人工形成一个坑用挡土、隔水界面，由于水土物理性能随空间、时间变化很大，对这个界面结构形成了复杂的作用状态。水土作用、界面结构内力的测量技术复杂，费用大，该技术用变形测量数据，利用建立的力学计算模型，分析得出当前的水土作用和内力，用以进行基坑安全判别。

深基坑施工监测具有时效性：基坑监测通常是配合降水和开挖过程，有鲜明的时间性。测量结果是动态变化的，一天以前的测量结果都会失去直接的意义，因此深基坑施工中监测需随时进行，通常是每天一次，在测量对象变化快的关键时期，可能每天需进行数次。基坑监测的时效性要求对应的方法和设备具有采集数据快、全天候工作的能力，甚至适应夜晚或大雾天气等严酷的环境条件，采用基坑动态变化的观测间隔。

深基坑施工监测具有高精度性：由于正常情况下基坑施工中的环境变形速率可能在 0.1mm/d 以下，要测到这样的变形精度，就要求基坑施工中的测量采用一些特殊的高精度仪器。

深基坑施工监测具有等精度性：基坑施工中的监测通常只要求测得相对变化值，而不要求测量绝对值。基坑监测要求尽可能做到等精度，要求使用相同的仪器，在相同的位置上，由同一观测者按同一方案施测。

（三）超深基坑监测绿色施工技术的工艺流程

超深基坑监测绿色施工技术适用于开挖深度超过5m的深基坑开挖过程中围护结构变形及沉降监测，周边环境包括建筑物、管线、地下水位、土体等变形监测，基坑内部支撑轴力及立柱等的变形监测。

对深基坑施工的监测内容通常包括水平支护结构的位移；支撑立柱的水平位移、沉降或隆起；坑周土体位移及沉降变化；坑底土体隆起；地下水位变化以及相邻建构筑物、地下管线、地下工程等保护对象的沉降、水平位移与异常现象等。

（四）超深基坑监测绿色施工技术的技术要点

1. 监测点的布置

监测点布设合理方能经济有效，监测项目的选择必须根据工程的需要和基地的实际情况而定。在确定监测点的布设前，必须知道基地周边的环境条件、地质情况和基坑的围护设计方案，再根据以往的经验和理论的预测来考虑监测点的布设范围和密度。能埋的监测点应在工程开工前埋设完成，并应保证有一定的稳定期，在工程正式开工前，各项静态初始值应测取完毕。沉降、位移的监测点应直接安装在被监测的物体上，只有道路地下管线，若无条件开挖样洞设点，则可在人行道上埋设水泥桩作为模拟监测点，此时模拟桩的深度应稍大于管线深度，且地表应设井盖保护，不至于影响行人安全；如果道路上有如管线井、阀门管线设备等，则可在设备上直接设点观测。

2. 周边环境监测点的埋设

周边环境监测点埋设按现行国家有关规范的要求，常规为基坑开挖深度的3倍范围内的地下管线及建筑物进行监测点的埋设。监测点埋设一般原则为：管线取最老管线、硬管线、大管线，尽可能取露出地面的如阀门、消防栓、窨井作监测点，以便节约费用。管线监测点埋设采用长约80mm的钢钉打入地面，管线监测点同时代表路面沉降；房屋监测点尽可能利用原有沉降点，不能利用的地方用钢钉埋设。

3. 基坑围护结构监测点的埋设

基坑围护墙顶沉降及水平位移监测点埋设：在基坑围护墙顶间隔 10~15m 埋设长 10cm、顶部刻有 "+" 字丝的钢筋作为垂直及水平位移监测点。

围护桩身测斜孔埋设：根据基坑围护实际情况，考虑基坑在开挖过程中坑底的变形情况，测斜管应根据地质情况，埋设在那些比较容易引起塌方的部位，一般按平行于基坑围护结构以 20~30m 的间距布设，测斜管采用内径 60mm 的 PVC 管。测斜管与围护灌注桩或地下连续墙的钢筋笼绑扎在一道，埋深约与钢筋笼同深，接头用自攻螺丝拧紧，并用胶布密封，管口加保护钢管，以防损坏。管内有两组互为 90° 的导向槽，导向槽控制了测试方位，下钢筋笼时使其一组垂直于基坑围护；另一组平行于基坑围护并保持测斜管竖直，测斜管埋设时必须要有施工单位配合。

坑外水位测量孔埋设：基坑在开挖前必须要降低地下水位，但在降低地下水位后有可能引起坑外地下水位向坑内渗漏，地下水的流动是引起塌方的主要因素，所以地下水位的监测是保证基坑安全的重要内容；水位监测管的埋设应根据地下水文资料，在含水量大和渗水性强的地方，在紧靠基坑的外边，以 20~30m 的间距平行于基坑边埋设。水位孔埋设方法如下：用 30 型钻机在设计孔位置钻至设计深度，钻孔清孔后放入 PVC 管，水位管底部使用透水管，在其外侧用滤网扎牢并用黄沙回填孔。

支撑轴力监测点埋设：支撑轴力监测利用应力计，它的安装须在围护结构施工时请施工单位配合安装，一般选方便的部位，选几个断面，每个断面装两只应力计，以取平均值；应力计必须用电缆线引出，并编好号。编号可购置现成的号码圈，套在线头上，也可用色环来表示，色环编号的传统习惯是用黑、棕、红、橙、黄、绿、蓝、紫、灰、白分别代表数字 0、1、2、3、4、5、6、7、8、9。

土压力和孔隙水压力监测点埋设：土压力计和孔隙水压力计是监测地下土体应力和水压力变化的手段。土压力计要随基坑围护结构施工时一起安装，注意它的压力面须向外；每孔埋设土压力盒数量根据挖深而定，每孔第一个土压力盒从地面下 5m 开始埋设，以后沿深度方向间隔 5m 埋设一只，采用钻孔法埋设。首先，将压力盒的机械装置焊接在钢筋上，钻孔清孔后放入，根据压力盒读数的变化可判定压力盒安装状况，安装完毕后采用泥球细心回填密实，根据力学原理，压力计应安装在基坑隐患处的围护桩的侧向受力点。孔隙水压力计的安装，须用到钻机钻孔，在孔中可根据需要按不同深度放入多个压力计，再用干燥黏土球填实，待黏土球吸足水后，便将钻孔封堵好了。这两种压力计的安装，都须注意引出线的编号和保护。

基坑回弹孔埋设：在基坑内部埋设，每孔沿孔深间距 1m 放一个沉降磁环或钢环。土体分层沉降仪由分层沉降管、钢环和电感探测三部分组成。分层沉降管由波纹状柔性塑料管制成，管外每隔一定距离安放一个钢环，地层沉降时带动钢环同步下沉，将分层沉降管通过钻孔埋入土层中，采用细沙细心回填密实。埋设时须注意波纹管外的钢环不要被破坏。

基坑内部立柱沉降监测点埋设：在支撑立柱顶面埋设立柱沉降监测点，在支撑浇筑时预埋长约100mm的钢钉。

测点布设好以后必须绘制在地形示意图上，各测点须有编号，为使点名一目了然，各种类型的测点要冠以点名，点名可取测点的汉语拼音的第一个字母再拖数字组成，如应力计可定名为YL-1，测斜管可定名为CX-1，如此等等。

第二节 主体结构的绿色施工综合技术

一、大体积混凝土结构的绿色施工技术

（一）大体积混凝土结构

以放疗室、防辐射室为代表的一类大体积混凝土结构对采用绿色施工技术来提高质量非常必要，包括顶、墙和地三界面全封一体化大壁厚、大体积混凝土整体施工，其关键在于基于实际尺寸构造的柱、梁、墙与板交叉节点的支模技术，设置分层、分向浇筑的无缝作业工艺技术，且考虑不同部位的分层厚度及其新老混凝土截面的处理问题，同时考虑为保证浇筑连续性而灵活随机设置预留缝的技术，混凝土浇筑过程中实时温控及全过程养护实施技术。以上绿色施工综合技术的全面、连续、综合应用可保证工程质量，是满足其特殊使用功能要求的必然选择。

（二）大体积混凝土绿色施工综合技术的特点

大体积混凝土绿色施工综合技术的特点主要体现在以下几个方面。

1. 采用面向顶、墙、地三个界面不同构造尺寸特征的整体分层、分向连续交叉浇筑的施工方法和全过程的精细化温控与养护技术，解决了大壁厚混凝土易开裂的问题，较传统的施工方法可大幅度提升工程质量及抗辐射能力。

2. 采取一个方向、全面分层、逐层到顶的连续交叉浇筑顺序，浇筑层的设置厚度以450mm为临界，重点控制底板厚度变异处质量，设置成A类质量控制点。

3. 采取柱、梁、墙板节点的参数化支模技术，精细化处理节点构造质量，可保证大壁厚顶、墙和地全封闭一体化防辐射室结构的质量。

4. 采取设置紧急状态下随机设置施工缝的措施，且同步铺不大于30mm的同配比无石子砂浆，可保证混凝土接触处强度和抗渗指标。

（三）大体积混凝土结构绿色施工工艺流程

大壁厚的顶、墙和地全封闭一体化防辐射室的施工以控制模板支护及节点的特殊处理、大体量防辐射混凝土的浇筑及控制为关键。

（四）大体积混凝土结构绿色施工技术要点

1. 大体积厚底板的施工要点

施工时先做一条100mm×100mm的橡胶止水带，可避免混凝土浇筑时模板与垫层面的漏浆、泛浆。考虑厚底板钢筋过于密集，快易收口网需要一层层分步安装、绑扎，为保证此部位模板的整体性，单片快易收口网高度为3倍钢筋直径，下片在内，上片在外，最底片塞缝带内侧。为增大快易收口网的整体性与刚度，安装后，在结构钢筋部位的快易收口网外侧（后浇带一侧）附一根直径为12mm的钢筋与其绑扎固定。厚底板采用分层连续交叉浇筑施工，特别是在厚度变异处，每层浇筑厚度应控制在400mm左右，模板缝隙和孔洞应保证严实。

2. 钢筋绑扎技术要点

厚墙体的钢筋绑扎时应保证水平筋位置准确，绑扎时先将下层伸出钢筋调直顺，然后再绑扎解决下层钢筋伸出位移较大的问题。门洞口的加强筋位置，应在绑扎前根据洞口边线采用吊线找正方式，将加强筋的位置进行调整，以保证安装精度。大截面柱、大截面梁以及厚顶板的绑扎可依据常规规范进行，无特殊要求。

3. 降温水管埋设技术要点

按墙、柱、顶的具体尺寸，采用"2"钢管预制成回形管片，管间距设定为500mm左右，管口处用略大于管径的钢板点焊作临时封堵。在钢筋绑扎时，按墙、柱、顶厚度大小，分两层预埋回形管片，用短钢筋将管片与钢筋焊接固定。

4. 柱、梁、板和墙交叉节点处模板支撑技术要点

满足交叉节点的支模要求梁的负弯矩钢筋和板的负弯矩钢筋，宜高出板面设计标高，增加50~70mm防辐射混凝土浇捣后局部超高。按最大梁高降低主梁底面标高，在主梁底净高允许条件下将主梁底标高下降30~50mm，可满足交叉节点支模的尺寸精度，实现参数化的模板支撑。降低次梁底面标高，将不同截面净高允许的其他交叉次梁的梁底标高下降30~40mm，次梁的配筋高度不变，主梁完全按设计标高施工，可满足交叉节点参数化精确支模的要求。墙模板的转角处接缝、顶板模板与梁墙模板的接缝处和墙模板接缝处等逐缝平整粘贴止水胶带，可解决无缝施工的技术问题。

5. 大壁厚墙体的分层交叉连续浇筑技术要点

大壁厚墙体防辐射混凝土采用分层、交叉浇筑施工，每层浇筑厚度控制在500mm左右，按照由里向外的顺序展开。大壁厚墙体防辐射大体积混凝土浇筑前，先拌制一盘与混凝土同配合比石子砂浆，润湿输送泵管，并均匀地铺在浇筑面上，其厚度约20mm且不得超过30mm。浇筑混凝土时实时监测模板、支架、钢筋、预埋件和预留孔洞的情况，当发生变形位移时立即停止浇筑，并在已浇筑的防辐射混凝土初凝前修整完好。

6. 大壁厚顶板的分层交叉连续浇筑技术要点

厚顶板混凝土浇筑按照"一个方向、全面分层、逐层到顶"的施工法，即将结构分成若干个450mm厚度相等的浇筑层，浇筑混凝土时从短边开始，沿长边方向进行浇筑，在逐层浇筑过程中第二层混凝土要在第一层混凝土初凝前浇筑完毕。混凝土上、下层浇筑时应消除两层之间接缝，在振捣上层混凝土时要在下层混凝土初凝之前进行，每层作业面分前、后两排振捣，第一道布置在混凝土卸料点，第二道设置在中间和坡角及底层钢筋处，应使混凝土流入下层底部以确保下层混凝土振捣密实。在浇筑过程中采用水管降温，采用地下水做自然冷却循环水，并定期测量循环水温度。振捣时振捣棒要插入下一层混凝土不少于50mm，保证分层浇筑的上、下层混凝土结合为整体，混凝土浇筑过程中，钢筋工经常检查钢筋位置，若有移位须立即调整到位。

浇筑振捣过程中振捣延续时间以混凝土表面呈现浮浆和不再沉落、气泡不再上浮来控制，振捣时间避免过短和过长，一般为15~30s，并且在20~30分钟后对其进行二次复振。振捣过程中严防漏振、过振造成混凝土不密实、离析的现象，振捣器插点要均匀排列，插点方式选用行列式或交错式，插入的间距一般为500mm左右，振捣棒与模板的距离不大于150mm，并避免碰撞顶板钢筋、模板、预埋件等。

混凝土振捣和表面刮平抹压1~2小时后，在混凝土初凝前，在混凝土表面进行二次

抹压，消除混凝土干缩、沉缩和塑性收缩产生的表面裂缝，以增强混凝土内部密实度，在混凝土终凝前对出现龟裂或有可能出现裂缝的地方再次进行抹压来消除潜在裂纹，浇筑过程中拉线，随时检查混凝土标高。

7. 紧急状态下施工缝的随机预留技术要点

若在施工中出现异常情况又无法及时进行处理，防辐射商品混凝土不能及时供应浇筑时需要随机留设施工缝。在施工缝外插入模板将其后混凝土振捣密实，下次浇筑前将接触处的混凝土凿掉，表面做凿毛处理，铺设遇水膨胀止水条，并铺不大于30mm同配比无石子砂浆，以保证防辐射混凝土接触处强度和抗渗指标。

二、预应力钢结构的绿色施工技术

（一）预应力钢结构特点

建筑钢结构强度高、抗震性能好、施工周期短、技术含量高，具备节能减排的条件，能够为社会提供安全、可靠的工程，是高层以及超高层建筑的首选，而大截面大吨位预应力钢结构较传统的钢结构体系具有更加优越的承载力性能，可满足空间跨度及结构侧向位移的更高技术指标要求。

在预应力钢构件制作过程中实施参数化下料、精确定位、拼接及封装，实现预应力承重构件的精细化制作；在大悬臂区域钢桁架的绿色施工中采用逆作法施工工艺，即结合实际工况先施工屋面大桁架，再施工桁架下悬挂部分梁柱；先浇筑非悬臂区楼板及屋面，待预应力桁架张拉结束，再浇筑悬臂区楼板，实现整体顺作法与局部逆作法施工组织的最优组合；基于张拉节点深化设计及施工仿真监控的整体张拉结构位移的精确控制，借助辅助施工平台实施分阶段有序张拉，实现预应力拉锁安装的质量目标。

（二）预应力钢结构绿色施工要求

预应力钢结构施工工序复杂，实施以单拼桁架整体吊装为关键工作的模块化不间断施工工序，十字型钢骨柱及预应力钢桁架梁的精细化制作模块、大悬臂区域及其他区域的整体吊装及连接固定模块、预应力索的张拉力精确施加模块的实施是其为连续、高质量施工的保证。大悬臂区域的施工采用局部逆作法的施工工艺，即先施工屋面大桁架，再悬挂部分梁柱，楼板先浇筑非悬臂区楼板和屋面，待预应力张拉完屋面桁架再浇筑悬臂区楼板，实现工程整体顺作法与局部逆作法的交叉结合，可有效利用间歇时间、加快施工进度。十字型钢骨架及预应力箱梁钢桁架按照参数化精确下料、采用组立机进行整体的机械化生产，实现局部大截面预应力构件在箱梁钢桁架内部的永久性支撑及封装，预应力结构翼缘、腹板的尺寸偏差均在2mm范围之内，并对桁架预应力转换节点进行优化，形成张拉快捷方便、可有效降低预应力损失的节点转换器。

采用单台履带式起重机吊装跨度为22.2m，最大重量达103吨的单榀大截面预应力钢架至标高33.3m处，通过控制钢骨柱的位置精度，并在柱头下600mm位置处用300#工字钢临时联系梁连接成刚性体以保证钢桁架的侧向稳定性，第一榀钢桁架就位后在钢桁架侧向用2道60mm松紧螺栓来控制侧向失稳和定位；第二榀钢桁架就位后将这两榀之间的联系梁焊接形成稳定的刚性体，通过吊架位置、吊点以及吊装空间角度的控制实现吊装稳定性。在拉索张拉控制施工过程中采用控制钢绞线内力及结构变形的双控工艺，并重点控制张拉点的钢绞线索力，桁架内侧上弦端钢绞线可在桁架上张拉，桁架内侧下弦端的张拉采用搭设2×2×3.5方形脚手架平台辅助完成，张拉根据施加预应力要求分为两个循环进行，第一次循环完成索力目标的50%；第二次循环预应力张拉至目标索力。

（三）预应力钢结构绿色施工工艺流程

采用模块化施工工艺安排的预应力钢结构施工任务由不同班组相协调配合完成，以四组预应力钢桁架为一组流水作业，通过一系列质量控制点的设置及控制措施的采取，解决了预应力承载构件制作精度低、现场交叉工序协调性差、预应力索的张拉力难以控制等技术难题。

（四）预应力钢结构绿色施工技术要点

1. 预应力构件精细化制作技术要点

（1）十字型钢骨柱精细化制作技术要点

根据设计图纸和现场吊装平面布置图情况合理分析型钢柱的长度，并考虑各预应力梁通过十字型钢骨柱的位置。材料入库前核对质量证明书或检验报告并检查钢材表面质量、厚度及局部平面度，经现场有见证抽样送检合格后投入使用。十字型钢构件组立采用型钢组立机来完成，组立前应对照图纸确认所组立构件的腹板、翼缘板的长度、宽度、厚度无误后才能上机进行组装作业。精细化制作的尺寸精度要求：①腹板与翼缘板垂直度误差≤2mm；②腹板对翼缘板中心偏移≤2mm；③腹板与翼缘板点焊距离为400mm±30mm；④腹板与翼缘板点焊焊缝高度≤5mm，长度40~50mm；⑤H型钢截面高度偏差为±3mm。采用数控钻床加工完成连接板上的孔，所用孔径都用统一孔模来定位套钻；钢梁上钻孔时先固定孔模，再核准相邻两孔之间间距及一组孔的最大对角线，核准无误后才能进行钻孔作业。

切割加工工艺要求：①切割前母材清理干净；②切割前在下料口进行画线；③切割后去除切割熔渣并将各构件按图编号。组装过程中定位用的焊接材料应注意与母材的匹配并应严格按照焊接工艺要求进行选用，构件组装完毕后应进行自检和互检，测量，填妥测量表，准确无误后再提交专检人员验收，各部件装焊结束后应明确标出中心线、水平线、分段对合线等。

(2) 预应力钢骨架及索具的精细化制作技术要点

大跨度、大吨位预应力箱型钢骨架构件采用单元模块化拼装的整体制作技术，并通过结构内部封装施加局部预应力构件。预应力钢骨架的关键制作工序包括精确下料与预拼、腹板及隔板坡口的精致制作、胎架的制作、高质量的焊接及检验、表面处理和预处理技术以及全过程的监督、检查和不合格品控制。在下料的过程中采用数控精密切割，对接坡口采用半自动精密切割且下料后进行二次矫平处理。腹板两长边采用刨边加工隔板及工艺隔板组装的加工，在组装前对四周进行铣边加工，以作为大跨箱形构件的内胎定位基准，并在箱形构件组装机上按T型盖部件上的结构定位组装横隔板，组装两侧T型腹板部件要求与横隔板、工艺隔板顶紧定位组装。制作无黏结预应力筋的钢绞线，其性能符合国家标准《预应力混凝土用钢绞线》（GB/T 5224-2014）规定，并采用专用防腐油脂涂料或外包层对无黏结预应力筋外表面进行处理。预应力筋所选用的锚具、夹具及连接器的性能均要符合现行国家标准《预应力筋用锚具、夹具和连接器》（GB/T 14370-2015）的规定，在预应力筋强度等级已确定的条件下，预应力筋—锚具组装件的静载锚固性能试验结果应同时满足锚具效率系数≥0.95和预应力筋总应变≥2.0%两项指标要求。

2. 主要预应力构件安装操作要点

(1) 十字型钢骨架吊装及安装要点

施工时需保证吊在空中时柱脚高于主筋一定距离，以利于钢骨柱能够顺利吊入柱钢筋内设计位置，吊装过程需要分段进行，并控制履带吊车吊装过程中的稳定性。

若钢骨柱吊入柱主筋范围内时操作空间较小，为使施工人员能顺利进行安装操作，考虑将柱子两侧的部分主筋向外梳理，当上节钢骨柱与下节钢骨柱通过四个方向连接耳板螺栓固定后，塔吊即可松钩，然后在柱身焊接定位板，用千斤顶调整柱身垂直度，垂直度调节通过两台垂直方向的经纬仪控制。

十字型钢骨柱的安装测量及校正安装钢骨柱要求：先在埋件上放出钢骨柱定位轴线，依地面定位轴线将钢骨柱安装到位，经纬仪分别架设在纵横轴线上，校正柱子两个方向的垂直度，水平仪调整到理论标高，从钢骨柱顶部向下方画出同一测量基准线，用水平仪测量将微调螺母调至水平，再用两台经纬仪在互相垂直的方向同时测量垂直度。测量和对角紧固同步进行，达到规范要求后把上垫片与底板按要求进行焊接牢固，测量钢骨柱高度偏差并做好记录，当十字型钢骨柱高度正负偏差值不符合规范要求时立即进行调整。

十字型钢骨架的焊接要求：在平面上从中心框架向四周扩展焊接，先焊收缩量大的焊缝，再焊收缩量小的焊缝，对称施焊。对于同一根梁的两端不能同时焊接，应先焊一端，待其冷却后再焊另一端。钢骨柱之间的坡口焊连接为刚接，上、下翼缘用坡口电焊连接，而腹板用高强螺栓连接，柱与柱接头焊接在本层梁与柱连接完成之后进行，施焊时应由两名焊工在相对称位置以相等速度同时施工。H型钢柱节点的焊接为先焊翼缘焊缝，再焊腹板焊缝；翼缘板焊接时两名焊工对称、反向焊接，焊接结束后将柱子连接耳板割除并打磨平整。

安装临时螺栓：十字型钢骨柱安装就位后先采用临时螺栓固定，其螺栓个数为接头螺栓总数的1/3以上，并每个接头不少于2个，冲钉穿入数量不多于临时螺栓的30%。组装时先用冲钉对准孔位，在适当位置插入临时螺栓并用扳手拧紧。安装时高强螺栓应自由穿入孔内，螺栓穿入方向一致，穿入高强螺栓用扳手紧固后再卸下临时螺栓，高强螺栓的紧固必须分两次进行，第一次为初拧，第二次为终拧，终拧时扭剪型高强螺栓应将梅花卡头拧掉。

（2）预应力钢桁架梁吊装及安装技术要点

钢梁进场后由质检技术人员检验钢梁的尺寸，且对变形部位予以修复，钢梁吊装采用加挂铁扁担两绳四点法进行吊装，吊装过程中于两端系挂控制长绳，钢梁吊起后缓慢起钩，吊到离地面200mm时吊起暂停，检查吊索及塔机工作状态，检查合格后继续起吊。吊到钢梁基本位后由钢梁两侧靠近安装，钢桁架梁就位后在穿入高强螺栓前，钢桁架梁和钢柱连接部位必须先打入定位销，两端至少各两根，再进行高强螺栓的施工，高强螺栓不得慢行穿入且穿入方向一致，并从中央向上下、两侧进行初拧，撤出定位销，穿入全部高强螺栓进行初拧、终拧；钢桁架梁在高强螺栓终拧后进行翼缘板的焊接，并在钢梁与钢柱间焊接处采用6mm钢板做衬垫、用气体保护焊或电弧焊进行焊接。大悬臂区域对应的施工顺序是先施工屋面大桁架，再施工悬挂部分梁柱，楼板先浇筑非悬臂区楼板和屋面，待预应力张拉完屋面桁架，再浇筑悬臂区楼板，对于五层跨度及重量均较大的钢梁分段制作，钢梁的整榀重量在 7~11.6 吨不等，采用 2 台 3 吨的卷扬机，采取滑轮组装整体吊装。

(3) 预应力桁架张拉技术要点

无黏结预应力钢绞线应采用适当包装，以防止正常搬运中的损坏，无黏结预应力钢绞线宜成盘运输，在运输、装卸过程中吊索应外包橡胶、尼龙带等材料，并应轻装轻卸，且严禁摔掷或在地上拖拉。吊装采用避免破损的吊装方式装卸整盘的无黏结预应力钢绞线；下料的长度根据设计图纸，并综合考虑各方面因素，包括孔道长度、锚具厚度、张拉伸长值、张拉端工作长度等准确计算无黏结钢绞线的下料长度，且无黏结预应力钢绞线下料宜采用砂轮切割机切断。拉索张拉前主体钢结构应全部安装完成并合拢为一整体，以检查支座约束情况，直接与拉索相连的中间节点的转向器以及张拉端部的垫板，其空间坐标精度需严格控制，张拉端的垫板应垂直索轴线，以免影响拉索施工和结构受力。

拉索安装、调整和预紧要求：①拉索制作长度应保证有足够的工作长度；②对于一端张拉的钢绞线束，穿索应从固定端向张拉端进行穿束；对于两端张拉的钢绞线束，穿索应从桁架下弦张拉端向 5 层悬挂柱张拉端进行穿束，同束钢绞线依次穿入；③穿索后应立即将钢绞线预紧并临时锚固。拉索张拉前为方便工人张拉操作，事先搭设好安全可靠的操作平台、挂篮等，拉索张拉时应确保足够人，且人员正式上岗前进行技术培训与交底。设备正式使用前需进行检验、校核并调试，以确保使用过程中万无一失。拉索张拉设备须配套标定，其要求千斤顶和油压表须每半年配套标定一次，且配套使用，标定须在有资质的试验单位进行，根据标定记录和施工张拉力计算出相应的油压表值，现场按照油压表读数精确控制张拉力。索张拉前应严格检查临时通道以及安全维护设施是否到位，以保证张拉操作人员的安全；索张拉前应清理场地并禁止无关人员进入，以保证索张拉过程中人员安全。在一切准备工作做完之后，且经过系统的、全面的检查无误，现场安装总指挥检查并发令后，才能正式进行预应力索张拉作业。

第三节　装饰工程的绿色施工综合技术

一、室内顶墙一体化呼吸式铝塑板饰面的绿色施工技术

(一) 呼吸式铝塑板饰面构造

室内顶墙一体化呼吸式铝塑板饰面融国外先进设计理念与质量规范，解决了普通铝塑

板饰面效果单调、易于产生累计变形、特殊构造技术处理难度大的施工质量问题,并创造性地赋予其通风换气的功能,通过在墙面及吊顶安装大截面经过特殊工艺处理的带有凹槽的龙骨,将德国进口带有小口径通气孔的大板块参数化设计的铝塑板,通过特殊的边缘坡口构造与龙骨相连接,借助于特殊U型装置进行调节,同时通过起拱等特殊工艺实现对风口、消防管道、灯槽等特殊构造处的精细化处理,在中央空调的作用下实现室内空气的交换通风。

(二)呼吸式铝塑板饰面绿色施工技术特点

吸收并借鉴国外先进制作安装工艺,针对带有通气孔的大板块铝塑板采用嵌入式密拼技术,通过板块坡口构造与型钢龙骨的无间隙连接,实现室内空气的交换以及板块之间的密拼,密拼缝隙控制在1~2mm范围内,较传统"S"做法其精度提高50%以上。通过分块拼装、逐一固定调节以及安装具备调节裕量的特殊U型装置消除累计变形,以保证荷载的传递及稳定性。根据大、中、小三种型号龙骨的空间排列构造,采用非平行间隔拼装顺序,基于铝塑装饰板的规格拉缝间隙进行分块弹线,从中间顺中龙骨方向开始先装一排罩面板作为基准,然后两侧分行同步安装,同时控制自攻螺钉间距200~300mm。考虑墙柱为砖砌体,在顶棚的标高位置沿墙和柱的四周,沿墙距900~1200mm设置预埋防腐木砖,且至少埋设两块以上。采用局部构造精细化特殊处理技术,对灯槽、通风口、消防管道等特殊构造进行不同起拱度的控制与调整,同时,分块及固定方法在试装及鉴定后实施。采用双"回"字型板块对接压嵌橡胶密封条工艺,保证密封条的压实与固定,同时根据龙骨内部构造形成完整的密封水流通道,去除室内水蒸气的液化水,较传统的注入中性硅酮密封胶具有更加明显的质量保证。

(三)呼吸式铝塑板饰面绿色施工的工艺流程

室内顶墙一体化呼吸式铝塑板饰面绿色施工工艺流程主要包括大、中、小龙骨的安装以及针对铝塑装饰板的安装与调整、特殊构造的处理等关键的施工工序环节。

(四)呼吸式铝塑板饰面绿色施工的技术要点

1. 施工前准备

参考德国标准,按照设计要求,提出所需材料的规格及各种配件的数量,进行参数设计及制作,复测室内主体结构尺寸并检查墙面垂直度、平整度偏差,详细核查施工图纸和现场实测尺寸,特别是考虑灯槽、消防管道、通风管道等设备的安装部位,以确保设计、加工的完善,避免工程变更。同时,与结构图纸及其他专业图纸进行核对,及时发现问题,采取有效措施修正。

2. 作业条件分析的技术要点

现场单独设置库房以防止进场材料受到损伤,检查内部墙体、屋顶及设备安装质量是否符合铝塑板装饰施工要求和高空作业安全规程的要求,并将铝塑板及安装配件用运输设备运至各施工面层上,合理划分作业区域。根据楼层标高线,用标尺竖向量至顶棚设计标高,沿墙、柱四周弹顶棚标高,并沿顶棚的标高水平线,在墙上画好分档位置线,完成施工前的各项放线准备工作。结构施工时应在现浇混凝土楼板或预制混凝土楼板缝,按设计要求间距预埋 $\varphi 6\sim10$ 钢筋吊杆,设计无要求时按大龙骨的排列位置预埋钢筋吊杆,其间距宜为 900~1 200mm。吊顶房间的墙柱为砖砌体时,在顶棚的标高位置沿墙和柱的四周预埋防腐木砖,沿墙间距 900~1 200mm,柱每边应埋设木砖两块以上。安装完顶棚内的各种管线及通风道,确定好灯位、通风口及各种露明孔口位置。

3. 大、中、小型钢龙骨及特殊 U 型构件安装的技术要点

龙骨安装前应使用经纬仪对横梁竖框进行贯通检查,并调整误差,一般情况下龙骨的安装顺序为先安装竖框,然后再安装横梁,安装工作由下往上逐层进行。

(1) 安装大龙骨吊杆要求

在弹好顶棚标水平线及龙骨位置线后,确定吊杆下端头的标高,按大龙骨位置及吊挂间距,将吊杆无螺栓丝扣的一端与楼板预埋钢筋连接固定。安装大龙骨要求配装好吊杆螺母,在大龙骨上预先安装好吊挂件,将组装吊挂件的大龙骨按分档线位置使吊挂件穿入相应的吊杆螺母,并拧好螺母,大龙骨相接过程中装好连接件,拉线调整标高起拱和平直,对于安装洞口附加大龙骨须按照图集相应节点构造设置连接卡,边龙骨的固定要求采用射钉固定,射钉间距宜为 1000mm。

(2) 中龙骨的安装

应以弹好的中龙骨分档线,卡放中龙骨吊挂件,吊挂中龙骨按设计规定的中龙骨间距将中龙骨通过吊挂件,吊挂在大龙骨上,间距宜为 500~600mm,当中龙骨长度需多根延续接长时用中龙骨连接件,在吊挂中龙骨的同时相连需调直固定。

(3) 小龙骨的安装

以弹好的小龙骨分档线卡装小龙骨吊挂件,吊挂小龙骨应按设计规定的小龙骨间距将小龙骨通过吊挂件,吊挂在中龙骨上,间距宜为 400~600mm。当小龙骨长度需多根延续

接长时用小龙骨连接件，在吊挂小龙骨的同时，将相对端头相连接并先调直后固定。若采用T形龙骨组成轻钢骨架时，小龙骨应在安装铝塑板时，每装一块罩面板先后各装一根卡档小龙骨。

竖向龙骨在安装过程中应随时检查竖框的中心线，竖框安装的标高偏差不大于1.0mm；轴线前后偏差不大于2.0mm，左右偏差不大于2.0mm；相邻两根竖框安装的标高偏差不大于2.0mm；同层竖框的最大标高偏差不大于3.0mm；相邻两根竖框的距离偏差不大于2.0mm。竖框与结构连接件之间采用不锈钢螺栓进行连接，连接件上的螺栓孔应为长圆孔以保证竖框的前后调节。连接件与竖框接触部位加设绝缘垫片，以防止电解腐蚀。横梁与竖框间采用角码进行连接，角码一般采用角铝或镀锌铁件制成，横梁安装应自下而上进行，应进行检查、调整、校正。相邻两根横梁的标高水平偏差不大于1.0mm；当一副铝塑板宽度大于35m时，标高偏差不大于4.0mm。

4. 铝塑装饰板安装操作要点

带有通气小孔的进口铝塑板的标准板块在工厂内参数化加工成型，覆盖塑料薄膜后运输到现场进行安装。在已经装好并经验收的轻钢骨架下面按铝塑板的规格、拉缝间隙进行分块弹线，从顶棚中间顺中龙骨方向开始先装一行铝塑板作为基准，然后向两侧分行安装，固定铝塑板的自攻螺钉间距为200~300mm，配套下的铝合金副框料先与铝塑板进行拼装以形成铝塑板半成品板块。铝塑板材折弯后用钢副框固定成形，副框与板侧折边可用抽芯铆钉紧固，铆钉间距应在200mm左右，板的正面与副框接触面黏结。固定角铝按照板块分格尺寸进行排布，通过铆钉与铝板折边固定，其间距保持在300mm以内。板块可根据设计要求设置中加强肋，肋与板的连接可采用螺栓进行连接，若采用电弧焊固定螺栓时应确保铝板表面不变形、不褪色、连接牢固，用螺钉和铝合金压块将半成品标准板块固定与龙骨骨架连接。

5. 特殊构造处处理的操作要点

铝塑板在结构边角收口部位、转角部位须重点考虑室内潮气积水问题，而在顶和墙的转角处设置一条直角铝板，与外墙板直接用螺栓连接或与角位立梃固定。交接部位的处理：不同材料的交接通常处于横梁、竖框的部位，应先固定其骨架，再将定型收口板用螺栓与其连接，且在收口板与上下板材交接处密封。室内内墙墙面边缘部位收口用金属板或形板将幕墙端部及龙骨部位封盖，而墙面下端收口处理用一条特制挡水板将下端封住，同时将板与墙缝隙盖住。铝塑板密拼节点的处理直接关系到装饰面的整体稳定性、密拼宽度以及累加变形的控制。

对于安装在屋顶上部的消防管道、中央空调管道以及灯槽等构造，吊杆对称设置在构件的周围并进行局部加强，为保证铝塑板饰面与上述构造之间的空间，在设计过程中进行局部高程的调整并做好连接与过渡，可保证室内装饰的整体效果。

6. 橡胶填充条的嵌压与调整

传统的板块密封借助于密封胶进行拼接分析的处理，而室内顶墙一体化呼吸铝塑装饰板之间拼缝的处理借助于橡胶条进行填充密封。对拼标准板块四周"回"字型构造，填充橡胶密封填料并压实，处理好填料的接头构造，保证内"回"字型通道的畅通。清理标准铝塑板块的外表面保护措施，并做好表面的清理与保护工作。

7. 成品保护的操作要点

轻钢骨架及铝塑面板安装应注意保护顶棚内各种管线，轻钢骨架的吊杆、龙骨不准固定在通风管道及其他设备件上。轻钢骨架、铝塑面板及其他吊顶材料在入场存放、使用过程中应严格管理，保证不变形、不受潮和不生锈。施工顶棚部位已安装的门窗，已施工完毕的地面、墙面、窗台等应注意保护以防止污损，已装轻钢骨架不得上人踩踏，其他工种吊挂件不得吊于轻钢骨架上，为保护成品要求铝塑装饰板安装必须在棚内管道试水、保温等一切工序全部验收后进行。

二、门垛构造改进调整及直接涂层墙面的绿色施工技术

（一）直接涂层墙面的特点

由于建筑结构设计缺乏深化设计和不能满足室内装修的特殊要求，改造门垛的尺寸及结构构造非常常见，但传统的门垛改造做法费时、费力，易于造成环境污染，且常产生墙面开裂的质量通病，严重影响墙体的表观质量和耐久性。适用于门垛构造改进调整及直接做墙面涂层的施工工艺，其关键技术是门垛改造局部组砌及墙面绿色和机械化处理施工，这个技术解决了传统门垛改造的墙面砂浆粉刷施工费时、费工、费材，且工程质量难以保证的问题。

加气块砌体墙面免粉刷施工工艺要求砌筑时提高墙面的质量标准，填充墙砌筑完成并间隔两个月后，用专用泥子分两遍直接批刮在墙体上，保养数天后仅需再批一遍普通泥子即可涂刷乳胶漆饰面，该绿色施工技术所涉及的免粉刷技术可代替水泥混合砂浆粉刷层，但该免粉刷工艺对墙体材料配置、保管和使用具有独特的要求，该墙面涂层具有良好的观感效果和环境适应性。

（二）直接涂层墙面的绿色施工技术特点

通过基于门垛口精确尺寸放线的拆除技术，针对拆除后特定的不规则缺口构造，预埋拉结钢筋，进行局部可调整的加气砖砌体组砌施工，缝隙及连接处进行填充密实，完成门垛构造墙体的施工；采用专用泥子基混合料做底层和面层，配合双层泥子基混合料粉刷墙面，可代替传统的砂浆粉刷。在面层墙面施工的过程中借助于自主研发的自动加料简易刷墙机实现一次性机械化施工，实现高效、绿色、环保的目标。

门垛拆除后马牙槎构造的局部调整组砌及拉结筋的预埋工艺，可保证新老界面的整体性。门垛构造处包括砌体基层、局部碱性纤维网格布、底层泥子基混合料、整体碱性纤维网格布、面层泥子基混合料和饰面涂料刷的新型墙面构造，代替传统的砂浆粉刷方法，采用以批两道泥子基混合胶凝材料为关键主线，并兼顾基层处理、压耐碱玻纤网格布的依次顺序施工方法。

采用专用泥子基混合料和简便、快捷的施工工艺，可实现绿色施工过程中对降尘、节地、节水、节能、节材多项指标要求，并使该工艺范围内的施工成本大幅度降低。采用包括底座、料箱、开设滑道的支撑杆、粉刷装置、粉刷手柄、电泵、圆球触块、凹槽以及万向轮等基本构造组成的自动加料简易刷墙机，可实现涂刷期间的自动加料，省时省力，而通过粉刷手柄手动带动滚轴在滑道内紧贴墙面上下往返粉刷，可实现灵活粉刷、墙面均匀受力和墙面的平整与光滑。

（三）直接涂层墙面的绿色施工技术要点

1. 门垛构造砖砌体的组砌技术要点

砖砌体的排列上、下皮应错缝搭砌，搭砌长度一般为砌块的1/2，不得小于砌块长的1/3，转角处相互咬砌搭接；不够整块时可用锯切割成所需尺寸，但不得小于砖砌块长度的1/3。灰缝横平竖直，水平灰缝厚度宜为15mm，竖缝宽度宜为20mm；砌块端头与墙柱接缝处各涂刮厚度为5mm的砂浆黏结，挤紧塞实。灰缝砂浆应饱满，水平缝、垂直缝饱满度均不得低于80%。砌块排列尽量不镶砖或少镶砖，必须镶砖时，应用整砖平砌，铺浆最大长度不得超过1 500mm。砌体转角处和交接处应同时砌筑，对不能同时砌筑而必须留置的临时间断处，应砌成斜槎，斜槎不得超过一步架。墙体的拉结筋为2¢6，两根钢筋间距100mm，拉结筋伸入墙内的长度不小于墙长的1/5，且不小于700mm。墙砌至接近梁或板底时应留空隙30~50mm，至少间隔7天后，用防腐木楔楔紧，间距600mm，木楔方向应顺墙长方向楔紧,用C25细石混凝土或1:3水泥砂浆灌注密实,门窗等洞口上无梁处设预制过梁,过梁宽同相应墙宽。拉通线砌筑时,应吊砌一皮、校正一皮,皮皮拉线控制砌体标高和墙面平整度;每砌一皮砌块,就位校正后,用砂浆灌垂直缝,随后原浆勾缝,满足深度3~5mm。

2. 砖砌体的处理技术要点

砖砌体按清水墙面要求施工:垂直度4°、平整度5°,灰缝随砌随勾缝,与框架柱交接处留20mm竖缝,勾缝深20mm;沿构造柱槎口及腰梁处贴胶带纸封模浇筑混凝土。清理砌体表面浮灰、浆,剔除柱梁面凸出物,提前一天浇水湿润,墙体水平及竖向灰缝用专用泥子填平,交界处竖缝填平,并批300mm宽泥子,贴加强网格布一层压实。

3. 批专用泥子基层及碱性网格布技术要点

局部刮泥子完成后,600mm加长铁板赶平压实,确保平整。待基层干燥后对重点部位进行找补,主要采用柔性耐水泥子来实施作业,待泥子实干以后方可进行下一道工序施工。用橡皮刮板横向满刮,一板紧接一板刮,接头不得留槎,每刮一板最后收头时要注意收得干净利落。在相关接触部位采用砂纸打磨,以保证其平整度,其批底层4~6mm厚专用泥子基混合料,并压入碱性玻纤网格布。

4. 涂面层乳胶漆涂料技术要点

机械化的刷涂顺序按照先上后下的顺序进行,由一头开始,逐渐涂刷向另外一头,要注意与上下顺刷相互衔接,避免出现干燥后再处理接头的问题。自动加料简易刷墙机的涂刷操作过程,通过操作粉刷装置可以在滑道上下移动实现机械化涂刷,在完成涂刷时将粉刷手柄与地面垂直放置,可节省空间。机械化涂装过程要求开始时缓慢滚动,以免开始速度太快导致涂料飞溅,滚动时使滚筒从下向上,再从上向下"M"型滚动,对于阴角及上下口需用排笔、鬃刷涂刷施工。

(1) 涂底层涂料作业可以适当采用一道或两道工序,在涂刷前要将涂料充分搅拌均匀,在涂刷过程中要求涂层厚薄一致,且避免漏涂。

(2) 涂中间层涂料一般需要两遍且间隔不低于2小时,复层涂料需要用滚涂方式,在进行涂刷的过程中要注意避免涂层不均匀,如弹点的大小与疏密不同,且要根据设计要求进行压平处理。

(3) 面层涂料宜采用向上用力、向下轻轻回荡的方式以达到较好的效果,涂刷同时要注意设定好分界线,涂料不宜涂刷过厚,尽量一次完成以避免接痕等质量问题的产生。

(4) 门垛口及墙面成品的保护要求涂刷面层涂料完毕后要保持空气的流通以防止涂料

膜干燥后表面无光或光泽不足，机械化粉刷的涂料未干前应保持周围环境的干净，不得打扫地面等以防止灰尘黏附墙面涂料。

（四）直接涂层墙面的绿色施工技术的质量保证措施

砖砌体的组砌过程通过实时监测，严格控制其垂直度等，配制的专用泥子基混合胶凝材料要加强控制和管理，严禁配比不当或使用不当情况，按照施工工艺流程做好每道工序施工前的准备工作，避免由于准备不当造成材料的污染或者返工，进而导致质量下降和工期延长。粉煤灰加气墙体宜认真清理和提前浇水，一般浇水两遍，使水深度入墙达到8~10mm即符合要求。施工前应用托线板、靠尺对墙面进行尺寸预测摸底，并保证墙面垂直、平整、阴阳角方正。压入耐碱玻纤网格布必须与批泥子基混合胶凝材料同步实施，且需调整其接触。机械化涂刷过程宜控制滚刷的力度与速度。在不同季节进行施工时，应注意不同涂料成膜助剂的使用量，夏季和冬季应该选择合适的实验标准，避免因为助剂使用不够而导致的开裂等问题。机械化涂刷过程应做到保量、保质，不出现漏涂、膜厚度不够等问题。

（五）直接涂层墙面绿色施工技术的环境保护措施

1. 节能环保的组织与管理制度的建立

建立施工环保管理机构，在施工过程中严格遵循国家和地方政府下发的有关环境保护的法律、法规和规章制度。加强对施工粉尘、生产生活垃圾的控制和治理，遵守文明施工、防火等规章制度，随时接受各级相关单位的监督检查。

2. 节能环保的具体措施

施工周边应根据噪声敏感区的不同，选择低噪声的设备及其他措施，同时应按有关规定控制施工作业时间。施工作业时操作人员应佩戴相应的保护设施及器材，如口罩、手套等以避免危害工人的健康。材料使用后应及时封闭存放，废料应及时清除。施工时室内应保证良好的通风，以免对作业人员的健康造成损害。面层乳胶漆施工涂刷过程中不得污染地面、踢脚线等，已完成的分部分项工程，严禁在室内使用有机溶剂清洗工具。施工完成后要保证室内空气的流通，防止表面无光与光泽不足，不宜过早的打扫室内地面，严防粉尘造成的污染。

第四节　安装工程的绿色施工综合技术

一、大截面镀锌钢板风管的制作与绿色安装技术

（一）大截面镀锌钢板风管的构造

镀锌钢板风管达到或超过一定的接缝截面尺寸界限会引起风管本身强度不足，进而伴随其服役时间的增加而出现翘曲、凹陷、平整度超差等质量问题，最终影响其表观质量，其结果导致建筑物的功能与品质严重受损。而基于"L"型插条下料、风管板材合缝以及机械成型"L"型插条准确定位安装的大截面镀锌钢板风管构造，主要通过用同型号镀锌钢板加工成"L"型插条在接缝处进行固定补强，采用镀锌钢板风管自动生产线及配套专用设备，需根据风管设计尺寸大小。在加工过程中可采用同规格镀锌钢板板材余料制作"L"型风管插条作为接缝处的补强构件，通过单平咬口机对板材余料进行咬口加工制作，在现场通过手工连接、固定在风管内壁两侧合缝处形成一种全新的镀锌钢板风管。

（二）大截面镀锌钢板风管绿色安装技术特点

大截面镀锌钢板风管采用"L"型插条补强连接全新的加工方法，克服了接缝处易变形、翘曲、凹陷、平整度超差等质量问题，降低因质量问题导致返工的成本。形成充分利用镀锌钢板剩余边角料在自动生产线上一次成型的精细化加工制作工艺，保证无扭曲、角变形等大尺寸风管质量问题，同时可与加工制作后的现场安装工序实现无间歇和调整的连续对接。简单且易于实现的全过程顺序施工流程，采用"L"型加固插条无铆钉固定与风管合缝处的机械化固定处理相结合的关键作业工序。通过对镀锌钢板余料的充分利用，插条合缝处涂抹密封胶的选用、检测与深度处理，深刻体现着绿色、节能、经济、环保的特色与亮点。

（三）大截面镀锌钢板风管的绿色施工的技术要点

风管板材、插条下料前需对施工所用的主要原材料按有关规范和设计要求，进行进场材料验收准备工作，对所使用的主要机具进行检验、检查和标定，合格后方可投入使用。

现场机械机组准备就绪，材料准备到位，操作机器运行良好，调整到最佳工作状态，临时用电安全防护措施已落实。在保证机器完好并调整到最佳状态后，按照常规做法对板材进行咬口，咬口制作过程中宜控制其加工精度。

按规范选用钢板厚度，咬口形式的采用根据系统功能按规范进行加工，防止风管成品出现表面不同程度的下沉、稍向外凸出有明显变形的情况。安排专人操作风管自动生产线，正确下料，板料、风管板材、插条咬口尺寸正确，保证咬口宽度一致。

镀锌钢板的折边应平直，弯曲度不应大于5/1 000，弹性插条应与薄钢板法兰相匹配，角钢与风管薄钢板法兰四角接口应稳固、紧贴，端面应平整、相连接处不应该有大于2mm的连续穿透缝。严格按风管尺寸公差要求，对口错位明显将使插条插偏；小口陷入大口内造成无法扣紧或接头歪斜、扭曲。插条不能明显偏斜，开口缝应在中间，不管插条还是管端咬口翻边应准确、压紧。

（四）大截面镀锌风管的绿色施工质量控制

1. 质量控制规范及标准

该绿色施工技术遵循的规范主要包括：《建筑工程施工质量验收统一标准》（GB 50300-2013）及《通风与空调工程施工质量验收规范》（GB 50243-2016）采用"L"型插条连接的矩形风管，其边长不应大于630mm；插条与风管加工插口的宽度应匹配一致，其允许偏差为2mm；连接应平整、严密，插条两端压倒长度不应小于20mm。同一规格风管的立咬口、包边立咬口的高度应一致，折角应倾角、直线度允许偏差为5/1 000；咬口连接铆钉的间距不应大于150mm，间隔应均匀；立咬口四角连接处的铆固，应紧密、无孔洞。检查数量要求按制作数量抽查10%，不得少于5件；净化空调工程抽查20%，均不得少于5件；检查方法要求查验测试记录，进行装配试验，尺量、观察检查。

2. 绿色施工的质量保证措施

建立健全质量管理机制，制定完善的质量管理规章及奖惩制度，并加强对技术人员的培训。实行自检、互检、专检制度，对整个施工工序的技术质量要点的关键问题向施工作业人员进行全面的技术交底。对关键工序、关键部位，要现场确定核实，要对每个关键环节和重要工序进行复核、监督，发现问题及时解决。原材料进场须由专人保管，应按指定地点存放，防止在运输、搬运过程中造成原材料变形、破损。

(五) 绿色施工中的环境保护措施

1. 节能环保的组织与管理

建立施工环保管理机构，在施工过程中严格遵循国家和地方政府下发的有关环境保护的法律、法规和规章制度。加强对施工粉尘、设备噪声、生产生活垃圾的控制和治理，遵守文明施工、防火等规章制度，随时接受各级相关单位的监督检查。按照ISO 14001环境标准的要求执行，对施工过程中产生的废弃物集中堆放，并定期委托当地环保部门清运。

2. 材料的节能环保

充分利用镀锌钢板边角料作为"L"型插件的主材；强化对材料管理的措施和现场绿色施工的要求，从本质上实现直接和间接的节能降耗。

3. 实施过程中的节能环保

施工场地和作业限制在工程建设允许的范围内，合理布置、规范围挡，做到标牌清楚、齐全，各种标志醒目，施工场地整洁文明；保证施工现场道路平整，加工场内无积水。优先选用先进的环保机械，采取设立隔音墙、隔音罩等消音措施，降低施工噪声到允许值以下。

二、异形网格式组合电缆线槽的绿色安装技术

(一) 异形网格式组合电缆线槽

建筑智能化与综合化对相应的设备，特别是电气设备的种类、性能及数量提出更高的要求，建筑室内的布线系统呈现复杂、多变的特点，给室内空间的装饰装修带来一定的影响，传统的线槽模式如钢质电缆线槽、铝合金质线槽、防火阻燃式等类型，在一定程度上解决了布线的问题，但在轻巧洁净、节约空间、安装更换、灵活布局以及与室内设备、构造搭配组合等方面仍然无法满足需求，全新概念的异形网格式组合电缆线槽，在提高品质、保证质量、加快安装速度等领域技术优势明显。

异形网格式组合电缆线槽是将电缆进行集中布线的空间网格结构，可灵活设置网格的形状与密度，不同的单体可以组合成大截面电缆线槽，以满足不同用电荷载的需求，同时，各种角度的转角、三通、四通、变径、标高变化等部件现场制作是保证电缆桥架顺利连接、灵活布局的关键，其支吊架的设置以及线槽与相关设备的位置实现标准化，可大幅度提高安装的工程进度，在保证安全、环保卫生的前提下最大限度地节约室内有限空间。

（二）异形网格式组合电缆线槽绿色施工技术特点

采用面向安装位置需求的不同截面电缆线槽的现场组合拼装，通过现场特制不同角度的转角、变径、三通、四通等特殊构造，实现对电缆线槽布局、走向的精确控制，较传统的电缆线槽的布置更加灵活、多样化，局部区域节约室内空间10%左右。采用直径4~7mm的低碳钢丝根据力学原理进行优化配置，混合制成异形网格式组合电缆线槽，网格的类型包括正方形、菱形、多边形等形状，根据配置需要灵活设置，每个焊点都是通过精确焊接的，其重量是普通桥架的40%左右，可散发热量并保持清洁。

采用适用于不断更换、检修需要的单体拼装开放式结构，不同的线槽单体进行标志，总的线槽进行分区，同时在组合过程中预留接口形成半封闭系统，有利于继续增加线槽单体，满足用电容量增加的需要。对异形网格式组合电缆线槽的安装位置进行标准化控制，与一般工艺管道平行净距离控制在0.4m，交叉净距离为0.3m；强电异形网格式组合电异形缆线槽与强电异形网格式组合电缆线槽上下多层安装时，间距为300mm；强电异形网格式组合电缆线槽与弱电异形网格式组合电缆线槽上下多层安装时，间距宜控制在500mm。采用固定吊架、定向滑动吊架相结合的搭配方式，灵活布置，以保证其承载力，吊架间距宜为1.5~2.5m，同一水平面内水平度偏差不超过5mm/m。

（三）异形网格式组合电缆线槽绿色施工技术要点

1. 施工前的准备工作

根据电气施工图纸确定异形网格式组合电缆线槽的立体定位、规格大小、敷设方式、支吊架形式、支吊架间距、转角、三通、四通、标高变化等。

2. 电缆线槽与设备间关系的准确定位的绿色施工技术要点

异形网格式组合电缆线槽与一般工艺管道平行净距离为0.4m，交叉净距离为0.3m；当异形网格式组合电缆线槽敷设在易燃易爆气体管道和热力管道的下方，在设计无要求时，与管道的最小净距离应符合规定。异形网格式组合电缆线槽不宜安装在腐蚀气体管道上方以及腐蚀性液体管道的下方；当设计无要求时，异形网格式组合电缆桥架与具有腐蚀性液体或气体的管道平行净距离及交叉距离不小于0.5m，否则应采取防腐、隔热措施。

强电异形网格式组合电缆线槽与强电异形网格式组合电缆线槽上下多层安装时，间距宜为300mm；强电异形网格式组合电缆线槽与弱电异形网格式组合电缆线槽上下多层安装时，间距宜为500mm，否则须采取屏蔽措施，其间距宜为300mm；控制电缆异形网格式组合线槽与控制电缆异形网格式组合线槽上下多层安装时，间距宜为200mm；异形网格式组合电缆线槽沿顶棚吊装时，间距宜为300mm。

3. 吊架的制作与安装的绿色施工技术要点

根据异形网格式组合电缆线槽规格大小、承受线缆的重量、敷设方式，确定采用支吊架形式，可供选择的支吊架形式有托臂式、中间悬吊式、两侧悬吊式、落地式等形式。

吊架安装间距的确定：直线段水平安装吊架间距是根据异形网格式组合电缆桥架的材质、规格大小及承受线缆的重量来确定的，吊架间距宜为1.5~2.5m，同一水平面内水平度偏差不超过5mm/m并考虑周围设备的影响。为了确保异形网格式组合电缆线槽水平度偏差达到规范要求，敷设线缆重量不得超过其最大承载重量。

异形网格式组合电缆桥架垂直安装时，间距不应大于2m，直线度偏差不超过5mm/m，桥架穿越楼层时不作为固定点，支吊架、托架应与桥架加以固定，支吊架安装时应测量拉线定位，确定其方位、高度和水平度。

4. 异形网格式组合电缆线槽部件的制作

异形网格式组合电缆线槽的各种部件制作均采用直线段网格式电缆桥架现场制作，每个网格尺寸为50mm×100mm。制作时须用断线钳或厂家专用电动剪线钳，将部分网格剪断，剪断后网丝尖锐边缘加以平整，以防电缆磨损。

5. 异形网格式组合电缆线槽安装技术要点

异形网格式组合电缆线槽吊架安装前应仔细研究图纸并考察现场，以避免与其他专业交叉而造成返工。异形网格式组合电缆桥架的弯头、三通、四通、引上段和偏心在现场安装前应确定标高、桥架安装位置，进而决定支吊架的形式，设置支吊点。所有异形网格式组合电缆线槽的吊杆要根据负荷选择，最小选择M8螺杆，水平横担选择C41×25型钢；垂直安装电缆线槽的支架选用CB41×25或CB1×25型钢；对线槽穿墙穿板在桥架安装完毕之后，应及时地盖好盖板对墙洞进行封堵和修补；当线槽碰到主风管、水管或者两路直角方向桥架标高有冲突时，应在冲突区域选择电缆线槽水平安装的支架间距为1.2~1.5m，垂直安装的支架间距不大于1.5m；在线槽转弯或分支时，吊杆支架间距要在30~50cm。

异形网格式组合电缆线槽支吊架安装时，首先确定首末端点，然后拉线保证吊点线性，顶部测量有困难时，可先在地面测量，标好位置后用线锤引至顶面，确保吊点位置。吊杆要留30mm余量以保证异形网格式组合电缆线槽纵向调整裕量，除特殊说明外，异形网格式组合电缆线槽横担长度：L=100mm+电缆线槽宽度，吊杆与横担间距离大于15mm。异形网格式组合电缆线槽安装完毕后，应对支架和吊架进行调平固定，需要稳定的地方应加防晃支架。

6. 异形网格式组合电缆线槽接地安装技术要点

异形网格式组合电缆线槽系统应敷设接地干线，确保其具有可靠的电气连接并接地。异形网格式组合电缆线槽安装完毕后，要对整个系统每段桥架与接地干线接地连接进行检查，确保相互电气连接良好，在伸缩缝或软连接处需采用编织铜带连接。异形网格式组合电缆线槽及其支架或引入或引出的金属电缆导管，必须接地或接零可靠，其安装 95mm 裸铜绞线或 L25×4 扁铜排作为接地干线，异形网格式组合电缆线槽及其支架全长不少于两处与接地或接零干线相连接。敷设在竖井内和穿越不同防火区的电缆线槽，按设计要求位置设置防火隔堵措施，用防火泥封堵电缆孔洞时封堵应严密可靠，无明显的裂缝和可见的孔隙，孔洞较大时加耐火衬板后再进行封堵。

（四）异形网格式组合电缆线槽的绿色施工质量控制

1. 绿色施工的质量控制标准

异形网格式组合电缆线槽安装应符合《建筑电气工程施工质量验收规范》（GB 50303-2015）中的相关要求，施工过程中应及时做好安装记录和分段、分层的质量检验批验收资料，按要求进行工程交接报验。

2. 绿色施工的质量控制措施

严格控制材料的下料，依据相关的图纸进行参数化下料，并控制制作过程中的变形。下料制作前进行弹线放样，严格按照图样进行加工制作，并做好制作过程中的防变形措施。地面预拼装组合，严防电缆线槽吊装过程中的变形。所有异形网格式组合电缆线槽的吊杆要根据负荷选择，合理选择吊架及其吊架的位置布置间距，保证不发生任何变形。严格控制异形网格式组合电缆线槽与其他相关设备之间的距离，避免相互之间的干扰。异形网格式组合电缆线槽安装完毕后需加设防晃支架，以保证其稳定性和安全性，做好异形网格式组合电缆线槽的各项成品保护工作。

（五）绿色施工的环境保护措施

贯彻环境保护交底制度，在施工过程中深入落实"三同时"制度。建立材料管理制度，严格按照公司有关制度办事，按照 ISO 9001 认证的文件程序做到账目清楚，账实相符，管理严密。

所有设备排列整齐，明亮干净，运行正常，标志清楚。专人负责材料保管、清理卫生，保持场地整洁，项目部管理人员对指定分管区域的垃圾、洞口和临边的安全设施等进行日常监督管理，落实文明施工责任制。所有材料、成品、板块、零件分类按照有关物品储运的规定堆放整齐，标志清楚，施工现场的堆放材料按施工平面图码放好各种材料，运输进出场时码放整齐，捆绑结实，散碎材料防止散落，门口处设专人清扫。夜间照明灯尽量把光线调整到现场以内，严禁反强光源辐射到其他区域。建筑垃圾堆放到指定位置并做到当日完工场清；清运施工垃圾采用封闭式灰斗。尽量选择噪声低、振动小、公害小的施工机械和施工方法，以减小对现场周围的干扰。

第六章 建筑产业现代化在绿色施工中的应用

第一节 建筑产业现代化的基础理论

一、建筑产业现代化的时代背景与人才需求

（一）建筑产业现代化的时代背景

改革开放以来，我国建筑产业进入了一个快速发展时期。但是，建筑产业总体上仍然是一个劳动密集型的传统产业。现阶段我国建筑生产虽然总量巨大，但质量和性能不高，大量采用传统的现场、手工和粗放式生产作业模式，建筑产业现代化仍处在初期的发展阶段，存在"四低二高"的突出问题，即建筑业标准化和工业化水平低、劳动生产率低、科技进步贡献率低、建筑质量和性能低，以及资源能源消耗高、环境污染程度高，对社会和环境产生沉重的消极和负面影响，不能适应新型工业化和可持续发展要求，大力提高建筑产业现代化水平已经迫在眉睫。社会和经济的可持续发展需求对传统建筑的生产方式提出了新的挑战，同时也为建筑产业现代化的发展带来了新的契机。因此，建设领域要大力推进建筑产业现代化，坚持走科技含量高、经济效益好、资源消耗低、环境污染少、人力资源优势得到充分发挥的新型工业化道路。

我国建筑产业现代化的探索已有许多年历程，住房和城乡建设部一直倡导实施住宅产业化工作，在推进产业化技术研究和交流的基础上，组织标准规范的编制修订工作，同时陆续建成一批住宅产业化示范基地，包括住宅开发、施工安装、结构构件、住宅部品等相关产业链企业，对推动我国建筑产业现代化的广泛实施奠定了基础。

与此同时，全国各地建设主管部门相继通过出台住宅产业化、建筑工业化、建筑产业

现代化等鼓励政策和激励措施，推进产业化试点和示范工程建设，在技术研发、建筑产业现代化导论标准规范、工程管理等方面都取得了很大进展，积累了许多成功的经验。目前北京、上海、沈阳、深圳、南京、合肥等城市已经走在建筑产业现代化的前列，受到党中央及各级政府的高度关注和大力支持。这些成功经验为我国未来推进建筑产业现代化提供了很好的借鉴。

（二）建筑产业现代化的人才需求

要实现国家建筑产业现代化，管理型、技术型及复合型人才的培养与储备是其得以健康持续发展的重要保障和关键要素。据介绍，现代建筑产业已成为建筑业发展的潮流趋势，但产业发展滞后的关键原因之一在于专业技术型人才的短缺，高校作为科班人才的输出地，到了需要结合行业前沿和生产实践，传授先进的专业技术知识的时候了。据推算，我国新型现代建筑产业发展需求的专业技术人才已至少紧缺近100万人。

公司在快速扩张发展时，人才保障非常关键。但事实上，企业不太可能招到对口人才，只能择优录取进行人才再培养。

建筑产业现代化发展的最终目标是形成完整的产业链——投资融资、设计开发、技术革新、运输装配、销售物业等，独木不成林，整个产业链与高校的协作配合也是人才培养的关键，通过协作培植优秀专职、兼职教师队伍、制订培养规划、设计培养路线、把握学习培养机制、调整和优化专业结构、开发精品教材等，来逐步开展产业链上不同人才需求的培养。特别是要结合重要工程、重大课题来培养和锻炼师资队伍，通过学术交流、合作研发、联合攻关、提供咨询等形式，走出去、请进来，增强优化教师梯队建设，缓解当前产业高歌猛进、人才成为"拦路虎"的局面，也有利于解决短期人才培训和长期人才培养、储备的矛盾。

培养建筑产业现代化复合型人才是一个复杂的系统工程，需要众多要素的协调和配合。要注意面向建筑产业发展的需求，深化产学研合作，构建教学、科研、企业三位一体的教育格局。十年树木，百年树人，面对当前建筑产业现代化人才短缺的窘境，必须遵循人才培养与成长规律，逐步推进、构建合理有效的建筑产业现代化复合型人才培养体系，把握好当前人才培训与长期人才培养、储备的平衡，为促进国家建筑产业现代化的健康、良性发展作贡献。

二、建筑产业现代化的发展意义

我国建筑产业经过多年的发展，取得了巨大成效，也带动了整个社会和经济的发展，然而，建筑产业仍然存在生产力水平低下、生产方式粗放等诸多问题，行业快速发展过程中累积的矛盾日益凸现：大量的劳动力需求与人口红利消失的矛盾；低质低效的生产与更高的品质、工期等生产效率要求的矛盾；大量的建筑需求与有限的资源供应的矛盾；较大的环境污染、能耗与绿色环保、可持续发展要求的矛盾等。建筑产业的可持续发展遭遇瓶颈，如果不能得到妥善解决，在今后一段时间内将会影响经济和社会的可持续发展，因此，建筑产业亟须转变发展方式、进行产业转型升级。发展建筑产业现代化正是解决这些问题的有效途径。近年来，虽然我国积极推进建筑产业现代化的发展，取得了一定成效，但仍然缺乏完善的发展体系，没有形成目标清晰的、内容完善的顶层设计，建筑产业的生产经营方式仍然沿用传统方式。对如何推进建筑产业现代化进行系统的研究，是走可持续发展道路和新型工业化道路的必然要求，对加快建筑产业现代化进程，解决建筑产业现代化中存在的各种矛盾和问题，从而促进建筑产业现代化又好又快发展具有重要意义。

（一）建筑业转型升级的需要

当前我国建筑业发展环境已经发生深刻变化，建筑业一直是劳动密集型产业，长期积累的深层次矛盾日益突出，粗放增长模式已难以为继，同其他发达国家相比，我国手工作业多、工业化程度低、劳动生产率低、工人工作条件差、质量和安全水平不高、建造过程能源和资源消耗大、环境污染严重。长期以来，我国固定资产投资规模大，而且劳动力充足、人工成本低，企业忙于规模扩张，没有动力进行工业化研究和生产。随着经济和社会的不断发展，人们对建造水平和服务品质的要求不断提高，而劳动用工成本不断上升，传统的生产模式难以为继，必须向新型生产方式转轨。因此，预制装配化是转变建筑业发展方式的重要途径。装配式建筑是提升建筑业工业化水平的重要机遇和载体，是推进建筑业节能减排的重要切入点，是建筑质量提升的根本保证。装配式建筑无论对需求方、供给方，还是对整个社会都有其独特的优势，但由于我国建筑业相关配套措施不完善，在一定程度上阻碍了装配式建筑的发展。但是从长远来看，科学技术是第一生产力，国家政策必定会适应发展的需要而不断改进。因此，装配式建筑必然会成为未来建筑的主要发展方向。

（二）可持续发展的需求

在可持续发展战略指导下，努力建设资源节约型、环境友好型社会是国家现代化建设的奋斗目标，国家对资源利用、能源消耗、环境保护等方面提出了更加严格的要求。要实现这一目标，建筑业将承担更重要的任务。我国是世界上新建建筑量最大的国家，采用传统建筑方式，建筑垃圾已经占到城市固体垃圾总量的40%以上，施工过程中的扬尘、废料垃圾也在随着城市建设节奏的加快而增加，在施工建造等各环节对环境造成了破坏，同时我国建筑建造与运行能耗约占我国全社会总能耗的40%。在"全寿命周期"内最大限度地节约资源、保护环境、减少污染以及与自然和谐共生的绿色建筑应成为建筑业未来的发展方向。因此，加速建筑业转型是促进建筑业可持续发展的重点所在。目前各地针对建筑企业的环境治理政策均是针对施工环节的，而装配式建筑目前是解决建筑施工中扬尘、垃圾污染、资源浪费等的最有效方式之一，其具有可持续性的特点，不仅防火、防虫、防潮、保温，而且环保节能。随着国家产业结构调整和建筑行业对绿色节能建筑理念的倡导，装配式建筑受到越来越多的关注。作为对建筑业生产方式的变革，装配式建筑符合可持续发展理念，是建筑业转变发展方式的有效途径，也是当前我国社会经济发展的客观要求。

（三）新型城镇化建设的需要

随着内外部环境和条件的深刻变化，城镇化进入以提升质量为主的转型发展新阶段。推动新型城市建设，坚持适用、经济绿色、美观方针，提升规划水平，全面开展城市设计，加快建设绿色城市。对大型公共建筑和政府投资的各类建筑，全面执行绿色建筑标准和认证，积极推广应用绿色新型建材、装配式建筑和钢结构建筑；同时城镇绿色建筑占新建建筑的比重增加到50%。随着城镇化建设速度不断加快，传统建造方式从质量、安全、经济等方面已经难以满足现代化建设发展的需求。发展预制整体式建筑体系可以有效地促进建筑业从"高能耗建筑"向"绿色建筑"的转变，加速建筑业现代化发展的步伐，有助于快速推进我国的城镇化建设进程。

三、建筑产业现代化的实施途径

（一）政府引导与市场主导相结合

从多年的实践看，无论是建筑工业化，还是住宅产业化，以及今天提出的建筑产业现代化，对我国建筑业来说，从技术、投资、管理等层面都不会有太大问题，最关键的还是缺少政府主导和政策支持的长效机制。促进和实现建筑产业现代化，政府需要站在战略发展的高度，把握宏观决策，充分运用政府引导和市场化运作"两只手"共同推进。这是因为市场配置资源往往具有一定的盲目性，有时不能很好地解决社会化大生产所要求的社会总供给和社会总需求平衡以及产业结构合理化问题。政府的引导性作用就在于通过制定和实施中长期经济发展战略、产业规划、市场准入标准等来解决和平衡有关问题。再就是由于环境局限性、信息不对称、竞争不彻底、自然优势垄断等因素，市场有时也不能有效解决公共产品供给、分配公平等问题，需要政府发挥协调作用。但最关键的还是市场机制有时会损害公平和公共利益，这就要求政府必须为市场制定政策、营造环境，实施市场监管，维护市场秩序，保障公平竞争，保护消费者权益，提高资源配置效率和公平性。

（二）深化改革与措施制定相结合

当前，最迫切的任务是面对新形势、新任务，要出重拳破解阻碍建筑业发展的一些热点、难点问题，包括市场监管体制改革等，切实为建筑业实现产业现代化创造条件。

1. 从产业结构调整入手，加强产权制度改革

要从规划设计、项目审批、融投资、建材生产、施工承包、工程监理及市场准入等方面，整合资源、科学设置、合理分工，鼓励支持企业间兼并重组与股权多元化，实现跨地区、跨行业和跨国经营。这就要求有关主管部门要积极稳妥地推进《建筑法》和相关企业资质标准的修订，出台建筑市场相关管理条例或规定，使之真正成为发挥政府作用和规范建筑市场的有力抓手。

2. 注重做好建筑产业现代化发展的顶层设计，强调绿色创新发展理念

坚持以人为本、科学规划、创新设计，注重传承中华民族建筑文化，既要吸收国外先进的建设文明成果，又要避免洋垃圾侵蚀。特别是要把发展绿色建筑作为最终产品。绿色建筑是通过绿色建造过程实现的，包括绿色规划、绿色设计、绿色材料、绿色施工、绿色技术和绿色运维。

3. 大力推进建筑生产方式的深层次变革，强调建筑产品生产的"全寿命周期"集成化

建筑产品的生成涉及多个阶段、多个过程和众多的利益相关方。建筑产业链的集成，在建筑产品生产的组织形式上，需要依托工程总承包管理体制的有效运行。提倡用现代工业化的生产方式建造建筑产品，彻底改变目前传统的以现场手工作业为主的施工方法。

4. 加强建筑产品生产过程的中间投入

无论是建筑材料、设备，还是施工技术，都应当具有节约能源资源、减少废弃物排放、保护自然环境的功能。这就需要全行业关注，各企业重视，正本清源，切实促进行业

健康持续发展。

5. 运用现代信息技术提升项目管理创新水平

随着信息化的迅猛发展和建筑信息模型化（BIM）技术的出现，信息技术已成为建筑业走向现代化不可缺少的助推力量，特别是建筑企业信息化和工程项目管理信息化必将成为实现建筑产业现代化的重要途径。

6. 以世界先进水平为标杆，科学制定建筑产业现代化相关标准

要通过国内外、各行业指标体系的纵横向对比，以当代国际上发达国家的先进水平作为参照系，制定并反映在我国建筑业进步与转型升级的各项技术经济指标上。

第二节 装配式建筑在绿色施工中的应用

一、装配式建筑技术体系

（一）混凝土结构技术体系

装配式混凝土结构是一种重要的建筑结构体系，由于其具有施工速度快、制作精确、施工简单、减少或避免湿作业、利于环保等优点，许多国家已经把它作为重要的甚至主要的结构形式。预制装配式混凝土结构在未来的建筑行业发展中一定会起着举足轻重的作用。

装配式混凝土结构的连接形式种类繁多，各类规范的不同导致各种连接形式分类的不同，不利于研究人员对其连接方式的深入研究。

预制装配式混凝土结构是建筑产业现代化技术体系的重要组成部分，通过将现场现浇注混凝土改为工厂预制加工，形成预制梁柱板等部品构件，再运输到施工现场进行吊装装配，结构通过灌浆连接，形成整体式组合结构体系。预制装配式混凝土结构体系种类较多，其中预制装配式整体式框架（框架剪力墙）的结构体系包括：世构体系、预制混凝土装配整体式框架（润泰）体系、NPC结构体系、双板叠合预制装配整体式剪力墙体系、预制柱-现浇剪力墙-叠合梁板体系、预制装配整体式结构体系等。

1. 世构体系

（1）技术体系简介及适用范围

世构体系是预制预应力混凝土装配整体式框架体系。该体系采用现浇或多节预制钢筋混凝土柱，预制预应力混凝土叠合梁、板，通过钢筋混凝土后浇部分将梁、板、柱及节点连成整体的新型框架结构体系。在工程实际应用中，世构体系主要有以下三种结构形式：一是采用预制柱，预制预应力混凝土叠合梁、板的全装配框架结构；二是采用现浇柱，预制预应力混凝土叠合梁、板的半装配框架结构；三是仅采用预制预应力混凝土叠合板，适用于各种类型的结构。

安装时先浇筑柱，后吊装预制梁，再吊装预制板，柱底伸出钢筋，浇筑带预留孔的基础，柱与梁的连接采用键槽，叠合板的预制部分采用先张法施工，叠合梁为预应力或非预应力梁，框架梁、柱节点处设置U形钢筋。该体系关键技术键槽式节点避免了传统装配式节点的复杂工艺，增加了现浇与预制部分的结合面，能有效传递梁端剪力，可应用于抗震设防烈度6°或7°地区，高度不大于45 m的建筑。与现浇结构相比，周转材料总量节约可达80%，其中支撑可减少50%；主体结构工期可节约30%，建筑物的造价可降低10%左右。

（2）成本分析与技术发展应用趋势

应用预制预应力混凝土装配整体式框架体系的框架结构与现浇结构相比，周转材料总量节约可达80%，其中支撑可减少50%；主体结构工期可节约30%，建筑物的造价可降低10%左右。经测算，每100 m^2 预制叠合楼板与现浇楼板相比：钢材节约437 kg，木材节约0.35 m^3，水泥节约600 kg，用水节约1 420 kg。

2. 预制混凝土装配整体式框架（润泰）体系

（1）技术体系简介及适用范围

预制混凝土装配整体式框架（润泰）体系是全部或部分剪力墙采用预制墙板构建成的装配整体式混凝土结构。采用的预制构件有：预制混凝土夹心保温外墙板、预制内墙板、预制楼梯、预制桁架混凝土叠合板底板、预制阳台、预制空调板。其中预制墙板通过灌浆套筒连接，并与现场后浇混凝土、水泥基灌浆料等形成竖向承重体系。预制桁架混凝土叠合板底板兼做模板，辅以配套支撑，设置与竖向构件的连接钢筋、必要的受力钢筋以及构造钢筋，再浇筑混凝土叠合层，形成整体楼盖。

（2）成本分析与技术发展应用趋势

预制混凝土装配整体式框架（润泰）体系可使工程施工速度大大提升，钢筋自动化技术使柱钢筋整体用量较传统方法节约13%。润泰体系外挂墙板防水处理较好，柱钢筋连接更符合抗震规范，但润泰体系存在胖柱的问题，不易于在住宅项目中推广应用。

3. NPC 结构体系

（1）技术体系简介及适用范围

NPC（New Prefabricated Concrete）结构体系中，剪力墙、柱、电梯井等竖向构件采用预制形式，水平构件梁、板采用叠合现浇形式；竖向构件通过预埋件、预留插孔浆锚连接，水平构件与竖向构件连接节点及水平构件间连接节点采用预留钢筋叠合现浇连接，从而形成整体结构体系。

（2）成本分析与技术发展应用趋势

该结构体系是目前江苏省内唯一的预制装配整体式剪力墙结构体系，已完成项目经专家鉴定测算，整体预制装配率达90%，木模板使用量减少87%，耗水量减少63%，建筑垃圾产生量减少91%。该体系施工时竖向钢筋连接施工较为复杂，可用于抗震设防烈度7度及以下地区。

4. 双板叠合预制装配整体式剪力墙体系——元大体系

双板叠合预制装配整体式剪力墙体系由叠合梁、板，叠合现浇剪力墙，预制外墙模板等组成，剪力墙等竖向构件部分现浇，预制外墙模板通过玻璃纤维伸出筋与外墙剪力墙浇成一体。双板叠合预制装配整体式剪力墙体系的特色是预制墙体间的连接由U形钢筋伸入上部双板墙中部间隙内，两墙板之间的钢筋桁架与墙板中的钢筋网片焊接，后现浇灌缝混凝土形成连接。

5. 预制柱-现浇剪力墙-叠合梁板体系——鹿岛体系

（1）技术体系简介

该体系是由叠合梁、非预应力叠合板等水平构件，预制柱、预制外墙板，现浇剪力墙、现浇电梯井等组成的结构体系。柱与柱之间采用直螺纹浆锚套筒连接，预制柱底留设套筒；梁柱构件采用强连接方式连接，即梁柱节点预制并预留套筒，在梁柱跨中或节点梁柱面处设置钢筋套筒连接后混凝土现浇连接。

（2）成本分析与技术发展应用趋势

鹿岛体系制作工艺精准，有许多专有技术，但是造价偏高，目前可能要达到现浇体系的2倍。

6. 预制装配整体式结构体系——长江都市体系

（1）技术体系简介及适用范围

该体系主要包括预制装配整体式框架-钢支撑结构（适用于保障房项目）、预制装配整体式框架-剪力墙结构（适用于公寓、廉租房）、预制装配整体式剪力墙结构。

(2) 成本分析

采用该技术体系使工程综合造价降低了2%,与现浇板相比,所有施工工序均有明显的工期优势,一般可节约工期30%。每百平方米建筑面积耗材与现浇结构相比:钢材节约437 kg,木材节约0.35 m³,水泥节约600 kg,用水节约1 420 kg。

(二) 钢结构技术体系

钢结构建筑是采用型钢,在工厂制作成梁柱板等部品构件,再运输到施工工地进行吊装装配,结构通过锚栓连接或焊接连接而成的建筑,具有自重轻、抗震性能好、绿色环保、工业化程度高、综合经济效益显著等诸多优点。装配式钢结构符合我国"四节一环保"和建筑业可持续发展的战略需求,符合建筑产业现代化的技术要求,是未来住宅产业的发展趋势。

钢结构体系可分为:空间结构系列、钢结构住宅系列、钢结构配套产业系列等。我国在工业建筑和超高、超大型公共建筑领域已经基本采用钢结构体系。江苏省钢结构体系发展体现在三个方面。

1. 轻钢门式刚架体系

以门式刚架体系为典型结构的工业建筑和仓储建筑。目前,凡较大跨度的新建工业建筑和仓储建筑中,已很少再使用钢筋混凝土框架体系、钢框架-混凝土柱体系或其他砌体结构。

2. 空间结构体系

采用各种空间结构体系作为屋盖结构的铁路站房、机场航站楼、公路交通枢纽及收费站、体育场馆、剧场、影院、音乐厅和会展设施。这类大跨度结构本来就是钢结构体系发挥其轻质高强固有特点的最佳场合,其应用恰恰顺应了江苏省经济、文化和社会建设迅猛发展的需求。

3. 以外围钢框架

混凝土核心筒或钢板剪力墙等组成的高层、超高层结构体系。钢框架-混凝土核心筒结构宜在低地震烈度区采用,在高地震烈度区,宜采用全钢结构。

对于钢结构住宅,框架支撑体系、轻钢龙骨(冷弯薄壁型钢)体系主要适用于三层以下的结构;框架支撑体系、轻钢龙骨(冷弯薄壁型钢)体系、钢框架-混凝土剪力墙体系主要适用于4~6层建筑;钢框架-混凝土核心筒体系、钢混凝土组合结构体系适用于7~12层建筑,12层以上钢结构住宅可参照执行;外围钢框架-混凝土核心筒结构、钢板剪力墙结构适用于高层与超高层建筑。钢结构住宅宜成为防震减灾的首选结构体系。

（三）竹木结构技术体系

1. 轻型木结构体系

轻型木结构体系源自加拿大、北美等地区，通过不同形式的拼装，形成墙体、楼盖、屋架。其主要抵抗竖向力以及水平力，该结构体系是由规格材、覆面板组成的轻型木剪力墙体，具有整体性较好、施工便捷等优点，适用于民居、别墅等房屋。缺点是结构适用跨度较小，无法满足大洞口、大空间的要求。

2. 重型木结构体系

（1）梁柱框架结构

梁柱框架结构是重型木结构体系的一种形式，其又可分为框架支撑结构、框架-剪力墙结构。框架支撑结构是框架结构中加入木支撑或者钢支撑，用以提高结构抗侧刚度。框架-剪力墙结构是以梁柱构件形成的框架，为竖向承重体系，梁柱框架中内嵌轻型木剪力墙为抗侧体系。梁柱框架结构可以满足建筑中大洞口、大跨度的要求，适用于会所、办公楼等公共场所。

（2）CLT剪力墙结构

正交胶合木（CLT）是一种新型的胶合木构件，是将多层层板通过横纹和竖纹交错排布，叠放胶合而成的构件，形成的CLT构件具有十分优异的结构性能，可以用于中高层木结构建筑中的剪力墙体、楼盖，能够满足结构所需的强度、刚度要求。同时，CLT构件的表面尺寸、厚度均具有可设计性，在满足可靠连接的前提下，可以直接进行墙体与楼盖的组装，极大地提高工程的施工效率。缺点是CLT剪力墙结构所需木材量较多。

（3）拱、网壳类结构体系

竹木结构的拱、网壳类结构与传统拱、网壳类结构在结构体系上没有区别，仅在结构材料上有不同。竹木结构拱、网壳适用于大跨度的体育场馆、公共建筑、桥梁中，采用现代工艺的胶合木为结构件，通过螺栓连接、植筋连接等技术将分段的拱、曲线梁等构件拼接成连续的大跨度构件，或者空间的壳体结构。该类结构体系由于材料自身弹模的限值，在不同的适用跨度范围内，可选择合适的结构形式。

二、关键技术研究

在现有技术体系的基础上，对装配式建筑关键技术开展相关研究工作，为我国建筑产业化深入持续和广泛推进提供强大的技术支撑。表6-1是关于装配式建筑关键技术研究项目和内容要点，这些研究成果及形成的有关技术标准能丰富我国装配式建筑技术标准体系。

表6-1 装配式建筑关键技术研究项目和内容要点

序号	关键技术研究项目	研究主要内容
1	装配式节点性能研究	与现浇结构等效连接的节点——固支； 与现浇结构非等效连接的节点——简支、铰接、接近固支； 柔性连接节点——外墙挂板
2	装配式楼盖结构分析	与现浇性能等同的叠合楼盖——单向板、双向板； 预制楼板依靠叠合层进行水平传力的楼盖——单向板； 预制楼板依靠板缝传力的楼盖——单向板
3	装配式结构构件的连接技术	采用预留钢筋锚固及后浇混凝土连接的整体式接缝； 采用钢筋套筒灌浆或约束浆锚搭连接的整体式接缝； 采用钢筋机械连接及后浇混凝土连接的整体式接缝； 采用焊接或螺栓连接的接缝； 采用销栓或键槽连接的抗剪接缝
4	预制建筑技术体系集成	结构体系选择； 标准化部品集成； 设备集成； 装修集成； 专业协同的实施方案

第三节 标准化技术在绿色施工中的应用

一、建筑信息模型技术概述

建筑信息模型是以建筑工程项目的各项相关信息数据作为模型基础，进行建筑模型的建立，通过数字信息仿真模拟建筑物所具有的真实信息。它具有可视化、协调性、模拟性、优化性和可出图性五大特点。

（一）可视化

可视化即所见所得的形式，对于建筑行业来说，可视化真正运用在业内的作用是非常大的。例如，从业人员经常拿到的施工图纸，只是各个构件的信息在图纸上采用线条绘制表达出的，但是其真正的构造形式就需要建筑业参与人员去自行想象了。对于简单的事物来说，这种想象也未尝不可，但是近几年建筑业的建筑形式各异，复杂造型不断推出，那么这种只靠人脑去想象的形式就未免有点不太现实了。建筑信息模型提供了可视化的思路，将以往线条式的构件形成一种三维的立体实物图形展示在人们的眼前。建筑业也需要由设计方出效果图，但是这种效果图是分包给专业的效果图制作团队的。由他们识读设计方制作出的线条式信息并制作出来的，并不是通过构件的信息自动生成的，缺少了同构件之间的互动性和反馈性。然而建筑信息模型提出的可视化是一种能够同构件之间形成互动性和反馈性的可视，在建筑信息模型中，由于整个过程都是可视化的，所以可视化的结果不仅可以用来进行效果图的展示及报表的生成，更重要的是，项目设计、建造、运营过程中的沟通、讨论、决策都在可视化的状态下进行。

（二）协调性

协调性是建筑业中的重点内容，不管是施工单位还是业主及设计单位，无不在做着协调及相互配合的工作，一旦项目在实施过程中遇到了问题，就要将各有关人士组织起来开协调会，找出各施工问题发生的原因，然后通过做出变更、采取相应补救措施等方式解决问题。协调往往在问题发生后，浪费大量的资源。在设计时，由于各专业设计师之间的沟通不到位，常会出现各专业之间的碰撞问题，如暖通等管道在进行布置时，由于施工图纸是分别绘制在各自的施工图纸上的，真正施工过程中，可能在布置管线时正好在此处有结构设计的梁等构件妨碍管线的布置，这是施工中常遇到的碰撞问题，协调时会导致成本增加。此时建筑信息模型的协调性服务便可以大显身手，即建筑信息模型可在建筑物建造前期对各专业的碰撞问题进行协调，生成协调数据并提供出来，提前发现并解决问题。建筑信息模型的协调性远不止这些，如电梯井布置与其他设计布置及净空要求的协调，防火分区与其他设计布置的协调，地下排水布置与其他设计布置的协调等，都是传统施工技术中常见的问题。

（三）模拟性

模拟性并不是只能模拟设计出的建筑物模型，还可以模拟不能够在真实世界中进行操作的事物，在设计阶段，建筑信息模型可以对设计上需要进行模拟的一些事物进行模拟实验，如节能模拟、紧急疏散模拟、日照模拟、热能传导模拟等。在招投标和施工阶段可以进行4D模拟（三维模型加项目的发展时间），也就是根据施工的组织设计模拟实际施工，从而确定合理的施工方案来指导施工。同时建筑信息模型还可以进行5D模拟（基于3D模型的造价控制），以实现成本控制。后期运营阶段可以模拟日常紧急情况的处理方式，如地震人员逃生模拟及消防人员疏散模拟等。

（四）优化性

整个设计、施工、运营的过程就是一个不断优化的过程，在建筑信息模型的基础上可以做更好的优化。优化受各个条件的制约：信息、复杂程度和时间等。没有准确的信息就无法得出合理的优化结果，建筑信息模型提供了建筑物实际存在的信息，包括几何信息、物理信息、规则信息，还提供了建筑物变化以后的实际存在。复杂程度高到一定水平，参与人员本身的能力无法掌握所有的信息，必须借助一定的科学技术和设备的帮助。现代建筑物的复杂程度大多超过参与人员本身的能力极限，建筑信息模型及与其配套的各种优化工具提供了对复杂项目进行优化的可能。

基于建筑信息模型的优化可以完成以下工作。

1. 项目方案优化

把项目设计和投资回报分析结合起来，设计变化对投资回报的影响可以实时计算出来。这样业主对设计方案的选择就不会主要停留在对形状的评价上，而可以使得业主进一步知道哪种项目设计方案更有利于自身的需求。

2. 特殊项目的设计优化

如裙楼、幕墙、屋顶、大空间到处可以看到异型设计，这些内容看起来占整个建筑的比例不大，但是占投资和工作量的比例与前者相比往往要大得多，而且通常也是施工难度比较大和施工问题比较多的地方。对这些内容的设计、施工方案进行优化，可以带来显著的工期和造价改进。

（五）可出图性

建筑信息模型并不仅可以为建筑设计单位出图，还可以在对建筑物进行可视化展示、协调、模拟优化后，帮助业主出如下图纸和资料。

①综合管线图（经过碰撞检查和设计修改，消除了相应错误以后）。

②综合结构留洞图（预埋套管图）。

③碰撞检查侦错报告和建议改进方案。

二、建筑信息模型技术在绿色施工中的应用

一座建筑的"全寿命周期"应当包括建筑原材料的获取，建筑材料的制造、运输和安装，建筑系统的建造、运行、维护以及最后的拆除等全过程。所以，要想使绿色建筑的"全寿命周期"更富活力，就要在节地、节水、节材、节能及施工管理、运营及维护管理五个方面深入拆解这"全寿命周期"，不断推进整体行业向绿色方向行进。

（一）节地与室外环境

节地不仅是施工用地的合理利用，建筑设计前期的场地分析、运营管理中的空间管理也同样包含在内。

1. 场地分析

场地分析是研究影响建筑物定位的主要因素，是确定建筑物的空间方位和外观、建立建筑物与周围景观联系的过程。建筑信息模型结合地理信息系统（Geographic Information System，GIS），对现场及拟建的建筑物空间数据进行建模分析，结合场地使用条件和特点，做出最理想的现场规划、交通流线组织关系，利用计算机可分析出不同坡度的分布及场地坡向，建设地域发生自然灾害的可能性，区分可适宜建设与不适宜建设区域，对前期场地设计可起到至关重要的作用。

2. 土方开挖

利用场地合并模型，在三维中直观查看场地挖、填方情况，对比原始地形图与规划地形图得出各区块原始平均高程、设计高程、平均开挖高程，然后计算出各区块挖、填方量。

3. 施工用地

建筑施工是一个高度动态的过程，随着建筑工程规模不断扩大，复杂程度不断提高，施工项目管理变得极为复杂，施工用地、材料加工区、堆场也随着工程进度的变换而调整。建筑信息模型的4D施工模拟技术可以在项目建造过程中合理制订施工计划，精确掌握施工进度，优化使用施工资源以及科学地进行场地布置。

4. 空间管理

空间管理是业主为节省空间成本、有效利用空间、为最终用户提供良好工作生活环境

而建筑空间所做的管理。建筑信息模型可以帮助管理团队记录空间的使用情况，处理最终用户要求空间变更的请求，分析现有空间的使用情况，合理分配建筑物空间，确保空间资源的最大利用率。

（二）节能与能源利用

以建筑信息模型技术推进绿色建筑，节约能源，降低资源消耗和浪费，减少污染是建筑发展的方向和目的，是绿色建筑发展的必由之路。节能在绿色环保方面具体有两种体现。一是帮助建筑形成资源的循环，使能循环、风能流动、自然光能的照射，科学地根据不同功能、朝向和位置选择最适合的构造形式。二是实现建筑自身的减排，构建时，以信息化减少工程建设周期；运营时，在满足使用需求的同时，还能保证最低的资源消耗。

1. 方案论证

在方案论证阶段，项目投资方可以使用建筑信息模型来评估设计方案的布局、视野、照明、安全体工程学、声学、纹理、色彩及规范的遵守情况。建筑信息模型甚至可以做到建筑局部的细节推敲，迅速分析设计和施工中可能需要应对的问题。建筑信息模型可以包含建筑几何形体设计的专业信息，其中也包括许多用于执行生态设计分析的信息，利用Revit创建的建筑信息模型通过gbXML这一桥梁可以很好地将建筑设计和生态设计紧密联系在一起，设计将不单单是体量、材质、颜色等，而也是动态的、有机的。

2. 建筑系统分析

建筑系统分析是对照业主使用需求及设计规定来衡量建筑物性能的过程，包括机械系统如何操作和建筑物能耗分析、内外部气流模拟分析、照明分析、人流分析等涉及建筑物性能的评估。建筑信息模型结合专业的建筑物系统分析软件避免了重复建立模型和采集系统参数。通过建筑信息模型可以验证建筑物是否按照特定的设计规定和可持续标准建造。通过这些分析模拟，最终确定修改系统参数甚至系统改造计划，以提高整个建筑的性能，建立智能化的绿色建筑。

总的来说，可以在建筑建造前做到可持续设计分析，使得控制材料成本，节水、节电，控制建筑能耗，减少碳排量等，到后期的雨水收集量、太阳能采集量计算，建筑材料老化更新等工作做到最合理化。在倡导绿色环保的今天，建筑建造需要转向实用更清洁更有效的技术，尽可能减少能源和其他自然资源的消耗，建立极少产生废料和污染物的技术系统。

建筑信息模型是信息技术在建筑中的应用，赋予建筑"绿色生命"。应当以绿色为目的、以建筑信息模型技术为手段,用绿色的观念和方式进行建筑的规划、设计,采用建筑信息模型技术在施工和运营阶段促进绿色指标的落实,促进整个行业的进一步资源优化整合。我们可以相信传统制图方式会被逐渐淘汰,以建筑信息模型为开端的协同绿色设计革命已经悄然开始。

第四节　信息化技术在绿色施工中的应用

一、信息化技术体系

（一）项目信息化的概念

项目信息化是指通过计算机应用技术和网络应用技术替代传统方式完成工程项目日常管理工作,进而提高人工效率、缩短管理流程、节约办公资源。

（二）项目信息化的手段及目标

1. 项目信息化的手段

项目信息化的手段有以下几方面。

①单项程序的应用,如工程网络计划的时间参数的计算程序、施工图预算程序等。

②区域规划、建筑CAD设计、工程造价计算、钢筋计算、物资台账管理、工程计划网络制订等,以及经营管理方面程序系统的应用,如项目管理信息系统、设施管理信息系统等。

③程序系统的集成,如工程量计算、大体积混凝土养护、深基坑支护、建筑物垂直度测量、施工现场的CAD等。

④基于网络平台的工程管理和信息共享。

2. 项目信息化的目标

建筑项目信息化目标有以下几点。

①建立统一的财务管理平台,实时监控项目的财务状况。

②实现全面预算管理,事前计划、事中控制工程项目运营。

③实现材料、机械集中管理，提高材料使用效率，降低材料机械使用成本。
④建立项目管理集成应用平台，实现工程建设项目全过程管理的集成应用。
⑤建立企业内部的办公自动化平台。
⑥为企业领导提供决策支持平台。

（三）信息化与绿色施工的关系

绿色施工的总体原则：一是要进行总体方案优化，在规划、设计阶段充分考虑绿色施工的总体要求，提供基础条件；二是对施工策划、材料采购、现场施工、工程验收等各阶段加强控制，加强整改施工过程的管理和监督，确保达到"四节一环保"要求。

综合对比绿色施工原则及工程信息化可知，两者共通点即节约；通过信息化技术的运用，促进项目管理向集约化、可控化发展，实现节能、节材、节地、环保、高效的施工管理。

调查研究表明，建筑业由于其产品不标准、复杂程度高、数据量大、项目团队临时组建，各条线获取管理所需数据困难，使得建筑产品生产过程管理粗放，窝工、货物多，进退场、设备迟到早到等引起项目上消耗的情况很多，信息技术为改变这种状况能起到巨大的作用。

二、合理选择信息技术应用工具

工程项目信息化就是应用信息技术工具和软件解决施工问题与管理问题的过程，信息化手段是由单项到整体、由简单功能到系统集成、由单机使用到网络共享互动的多层次的技术应用工具，因此，针对绿色施工的管理要求要正确地选择工具软件，为实现管理目标服务。

（一）绿色施工管理目标分析

根据绿色施工的总体框架组成要求，分析施工管理目标。
①根据节地与施工用地保护、环境保护的原则，确定"减少场地干扰、尊重基地环境"的目标。
②根据节材与材料资源利用、节能与能源利用的原则，确定"施工安排结合气候""水资源的节约利用""节约电能""减少材料的损耗""可回收资源的利用"等目标。
③根据环境保护的原则，确定"减少环境污染，提高环境品质"的目标。

④根据施工管理的原则,确定"实施科学管理"的目标。

(二) 针对绿色施工管理目标进行信息化工具选型

1. 减少场地干扰、尊重基地环境

工程施工过程会严重扰乱场地环境,这一点对于未开发区域的新建项目尤为严重。场地平整、土方开挖、施工降水、永久及临时设施建造、场地废物处理等均会对场地上现存的动植物资源、地形地貌、地下水位等造成影响;还会对场地内现存的文物、地方特色资源等带来破坏,影响当地文脉的继承和发扬,因此,施工中减少场地干扰、尊重基地环境对保护生态环境、维持地方文脉具有重要的意义。

针对此问题可以充分利用施工现场的 CAD 应用技术、数字化测量技术,根据相关图文资料划定场地内哪些区域将被保护,哪些区域将被用作仓储和临时设施建设,如何合理安排承包商、分包商及各工种对施工场地的使用,减少对材料和设备的搬动。利用计算软件精算土方工程量,尽量减少清理和扰动的区域面积,尽量减少临时设施,减少施工用管线。

2. 结合气象条件安排施工

承建单位在选择施工方法与施工机械、安排施工顺序、布置施工场地时应结合气候特征,从而减少因为气候原因而带来施工措施的增加,资源和能源用量的增加,有效地降低施工成本;减少因为额外措施对施工现场及环境的干扰,有利于施工现场环境质量品质的改善和工程质量的提高。

首先可以通过互联网了解现场所在地区的气象资料及特征,如降雨、降雪资料,气温资料,风的资料等。其次在施工过程中通过工程网络进度计划编制软件制订进度计划并与气候条件进行比对,适当微调进度以适应气候条件(如在雨季来临之前,完成土方工程、基础工程的施工),减少其他需要增加的额外季节施工保证措施,这样做可在降低成本的前提下提高质量、节约资源,避免能源浪费。

3. 材料、电能、水资源的节约利用

工程项目通常要使用大量的材料、能源和水资源。减少资源的消耗,节约能源,提高效益,保护水资源是可持续发展的基本要点。

在工程项目中利用工程量计算程序、物资台账管理工具、设施管理信息系统工具等信息化手段,计划好材料、资源、能源消耗量,完善电子台账数据管理,管控结合提高材料、资源利用率,杜绝浪费。

4. 减少环境污染，提高环境品质

工程施工中产生的大量灰尘、噪声、有毒有害气体、废弃物等会对环境品质造成严重的影响，也将有损于现场工作人员、使用者以及公众人员的健康。因此，减少环境污染、提高环境品质是绿色施工的基本目标。提高与施工有关的室内外空气品质是该目标的最主要内容。

为达到这一目标可以利用环境电子监测设备对现场灰尘、噪声进行连续监测，监测数据直接导入统计处理系统中并生成污染指数图表进行直接表达，通过信息平台的共享直接传达至现场施工管理人员，实现环境污染的实时监控和实时管理，动态化地控制污染以提高环境品质。

5. 实施科学管理

工程项目实施绿色施工，必须要实施科学管理，提高企业管理水平，使企业从被动地适应转变为主动地响应，使企业实施绿色施工制度化、规范化。这将充分发挥绿色施工对促进可持续发展的作用，增加绿色施工的经济性效果。

通过在各职能部门采用信息化管理，建立财务管理平台、预算管理数据库、进度计划跟踪管理系统等应用工具，对工程项目的费用计划、实施费用和收付账进行实时比对的监管，实现资金效益的最大化，在实现绿色施工的同时提高项目的经济效益。建立起绿色施工在政策引导、社会责任导向之外的经济自我驱动力，实现项目绿色施工的自觉力、可持续发展力。

三、信息化技术强有力的支撑——建筑信息模型技术

施工行业本身是一个动态过程，是建筑这种特殊产品的一个物化过程。在这个物化过程中要通过组织资源及各种要素来实现，施工过程中机械设备的使用量越来越多，合理地选用机械设备，改善作业条件，减轻劳动强度，实施建筑构件和配件生产工业化，施工现场装配化更是一个重要方向。

实际上，通过信息技术改造传统产业在十几年前就提出过，但现在提出来更为现实、可行，尤其以建筑信息模型技术在整个施工过程中的应用最为突出。诚然，建筑信息模型为信息化施工或者网络信息化施工提供了一个很好的工具，是推进绿色施工的首选。目前，建筑信息模型技术已被国际项目管理界公认为一项建筑业生产力革命性技术。为解决项目管理两项根本性难题，即工程海量数据的创建、管理、共享和项目协同，带来了很好的技术支撑。

基于建筑信息模型的虚拟施工，其施工本身不消耗施工资源，却可以根据可视化效果看到并了解施工的过程和结果，可以较大程度地降低返工成本和管理成本，降低风险，增强管理者对施工过程的控制能力。

建模的过程就是虚拟施工的过程，是先试后建的过程。施工过程的顺利实施是在有效的施工方案指导下进行的，施工方案主要根据项目经理、项目总工程师及项目部的经验编制，它的可行性一直受到业界的关注，由于建筑产品的单一性和不可重复性，施工方案具有不可重复性。一般情况下，当某个工程即将结束时，一套完整的施工方案才展现出来。

施工进度拖延，安全、质量问题频发，返工率高，施工成本超支等已成为现有建筑工程项目的通病。在施工开始前，制订完善的施工方案是十分必要的，也是极为重要的。虚拟施工技术不仅可以检测和比较施工方案，还可以优化施工方案。

（一）可视化图纸输出

可视化模型输出的施工图片，分发给施工人员可作为可视化的工作操作说明或技术交底，用于指导现场的施工，方便现场的施工管理人员拿图纸进行施工指导和现场管理。

（二）施工现场建模

施工前，施工方案制订人员先进行详细的施工现场勘察，重点研究解决施工现场整体规划、现场进场位置、卸货区的位置、起重机械的位置及危险区域等问题，确保建筑构件在起重机械安全有效范围内作业；利用五维建模，可模拟施工过程、构件吊装路径、危险区域、车辆进出现场状况、装货卸货情况等。施工现场虚拟五维全真模型可以直观、便利地协助管理者分析现场的限制，找出潜在的问题，制定可行的施工方法，有利于提高效率，减少传统施工现场布置方法中存在的漏洞，及早发现施工图设计和施工方案的问题，提高施工现场的生产率和安全性。

（三）施工机械建模

施工方法通常由工程产品和施工机械的使用决定，现场的整体规划、现场空间、机械生产能力、机械安拆的方法又决定施工机械的选型。

（四）临时设施建模

临时设施是为工程施工服务的，它的布置将影响到工程施工的安全、质量和生产效率，五维全真模型虚拟临时设施对施工单位很有用，可以实现临时设施的布置及运用，还可以帮助施工单位事先准确地估算所需要的资源，评估临时设施的安全性及是否便于施工，以及发现可能存在的设计错误。

（五）费用控制

建筑信息模型被誉为参数化的模型，因此在建模的同时，各类构件就被赋予了尺寸、型号、材料等约束参数。建筑信息模型是经过可视化设计环境反复验证和修改的成果，由此导出的材料设备数据有很高的可信度，应用建筑信息模型导出的数据可以直接应用到工程预算中，为造价控制施工决算提供有利的依据。以往施工决算的时候都是拿着图纸在计算，有了模型以后，数据完全自动生成，提高了做决算、预算的准确性。

（六）施工方法验证过程

建筑信息模型技术能模拟运行整个施工过程，项目管理人员、工程技术人员和施工人员可以了解每一步的施工活动。如果发现问题，工程技术人员和施工人员可以提出新的方法，并对新的方法进行模拟来验证其是否可行，即施工试误过程，它能做到在工程施工前识别绝大多数的施工风险和问题，并有效地解决。

（七）项目参与者之间有效的交流工具

虚拟施工使施工变得可视化，这极大地方便了项目参与者之间的交流，特别是不具备工程专业知识的人员，可以增加项目各参与方对工程内容及完成工程保证措施的了解。施工过程的可视化，使建筑信息模型成为一个便于施工各参与方交流的沟通平台。通过这种可视化的模拟缩短了现场工作人员熟悉项目施工内容、方法的时间，减少了现场人员在工程施工初期犯错误的时间和成本，还可加快、加深对工程参与人员培训的速度及深度，真正做到质量、安全、进度、成本管理和控制的人人参与。

（八）工作空间可视化

建筑信息模型还可以提供可视化的施工空间。建筑信息模型的可视化是动态的，施工空间随着工程的进展会不断变化，它将影响到工人的工作效率和施工安全。通过可视化模拟工作人员的施工状况，可以形象地看到施工工作面、施工机械位置的情形，并评估施工进展中这些工作空间的可用性、安全性。

（九）施工方法可视化

五维全真模型平台虚拟原型工程施工，对施工过程进行可视化的模拟，包括工程设计、现场环境和资源使用状况，具有更大的可预见性，将改变传统的施工计划、组织模式。施工方法的可视化使所有项目参与者在施工前就能清楚地知道所有施工内容以及自己的工作职责，能促进施工过程中的有效交流，它是目前评估施工方法、发现问题、评估施工风险简单、经济、安全的方法。

采用建筑信息模型进行虚拟施工，须事先确定以下信息：设计和现场施工环境的五维模型；根据构件选择施工机械及机械的运行方式；确定施工的方式和顺序；确定所需临时设施及安装位置。

（十）建筑构件建模

首先根据建筑图纸，将整个建筑工程分解为各类构件，并通过三维构件模型，将它们的尺寸、体积、重量直接测量下来，以及采用的材料类型、型号记录下来。其次针对主要构件选择施工设备、机具，确定施工方法。通过建筑构件建模，帮助施工者事先研究如何在现场进行构件的施工和安装。

在信息化和建筑工业化发展的相互推进中，现阶段信息化的发展主要表现在建筑信息模型技术在建筑工业化中的应用。建筑信息模型技术作为信息化技术的一种，已随着建筑工业化的推进逐步在我国建筑业应用推广。建筑信息化发展阶段依次是手工、自动化、信息化、网络化，而建筑信息模型技术正在开启我国建筑施工从自动化到信息化的转变。

工程项目是建筑业的核心业务，工程项目信息化主要依靠工具类软件（如造价和计量软件等）和管理类软件（如造价管理系统、招投标知识管理、施工项目管理解决方案等），建筑信息模型技术能够实现工程项目的信息化建设，通过可视化的技术促进规划方、设计方、施工方和运维方协同工作，并对项目进行"全寿命周期"管理，特别是从设计方案、施工进度、成本质量、安全、环保等方面，增强项目的可预知性和可控性。

随着越来越多的企业认识到建筑信息模型技术的重要性，建筑信息模型技术将逐步向4D/5D仿真模拟和数字化制造方向发展，工业化住宅建造过程届时将更可控、效益将更高。不管未来建筑息化技术如何发展，从现阶段来看，其已在我国建筑工业化发展中扮演了"推进器"的角色，随着未来信息化和工业化的深度融合，信息化必将在我国的产业化发展中起到更大的作用。

新型建筑工业化正是将传统建筑业的"湿法作业"建造模式转向制造业工厂生产模式。制造业信息化将信息技术、自动化技术、现代管理技术与制造技术相结合，可以改善制造企业的经营、管理、产品开发和生产等各个环节；提高生产效率、产品质量和企业的创新能力，降低消耗，带动产品设计方法和设计工具的创新、企业管理模式的创新、制造技术的创新以及企业间协作关系的创新，从而实现产品设计制造和企业管理的信息化、生产过程控制的智能化、制造装备的数控化以及咨询服务的网络化，全面提升建筑企业的竞争力。

传统的绿色施工技术有一些方法会增加施工成本，一次性投入较大，因此增加了推广难度，这也是绿色施工现在进展较为缓慢的原因。信息化技术第一价值是提升管理水平，提高企业项目部成本管控能力，增加利润，增加竞争力。在信息化提升管理水平的同时，很多的材料浪费、窝工消耗、进场退场等问题被大大减少，起到一举两得的作用。若政府主管部门加强这方面的引导，因其在提升利润方面有很高的投资回报率，推广将较为容易，会形成很好的循环。

第七章 房建绿色施工的管理

第一节 绿色施工组织管理

建立绿色施工管理体系就是绿色施工管理的组织策划设计，以制定系统、完整的管理制度和绿色施工的整体目标。在这一管理体系中有明确的责任分配制度，并指定绿色施工管理人员和监督人员。

绿色施工要求建立公司和项目两级绿色施工管理体系。

一、绿色施工管理体系

（一）公司绿色施工管理体系

施工企业应该建立以总经理为第一责任人的绿色施工管理体系，一般由总工程师或副总经理作为绿色施工牵头人，负责协调人力资源管理部门、成本核算管理部门、工程科技管理部门、材料设备管理部门、市场经营管理部门等管理部室。

1. 人力资源管理部门

负责绿色施工相关人员的配置和岗位培训；负责监督项目部绿色施工相关培训计划的编制和落实以及效果反馈；负责组织国内和本地区绿色施工新政策、新制度在全公司范围内的宣传等。

2. 成本核算管理部门

负责绿色施工直接经济效益分析。

3. 工程科技管理部门

负责全公司范围内所有绿色施工创建项目在人员、机械、周转材料、垃圾处理等方面的统筹协调；负责监督项目部绿色施工各项措施的制订和实施；负责项目部相关数据收集的及时性、齐全性与准确性并在全公司范围内及时进行横向对比后将结果反馈到项目部；负责组织实施公司一级的绿色施工专项检查；负责配合人力资源管理部门做好绿色施工相关政策制度的宣传并负责落实在项目部贯彻执行等。

4. 材料设备管理部门

负责建立公司《绿色建材数据库》和《绿色施工机械、机具数据库》并随时进行更新；负责监督项目部材料限额领料制度的制定和执行情况；负责监督项目部施工机械的维修、保养、年检等管理情况。

5. 市场经营管理部门

负责对绿色施工分包合同的评审，将绿色施工有关条款写入合同。

（二）项目绿色施工管理体系

绿色施工创建项目必须建立专门的绿色施工管理体系。项目绿色施工管理体系不要求采用一套全新的组织结构形式，而是建立在传统的项目组织结构的基础上，要求融入绿色施工目标，并能够制定相应责任和管理目标以保证绿色施工开展的管理体系。

项目绿色施工管理体系要求在项目部成立绿色施工管理机构，作为总体协调项目建设过程中有关绿色施工事宜的机构。这个机构的成员由项目部相关管理人员组成，还可包含建设项目其他参与方，如建设方、监理方、设计方的人员。同时要求实施绿色施工管理的项目必须设置绿色施工专职管理员，要求各个部门任命相关的绿色施工联络员，负责本部门所涉及的与绿色施工相关的职能。

二、绿色施工责任分配

（一）公司绿色施工责任分配（表7-1）

（1）总经理为公司绿色施工第一责任人。

（2）总工程师或副总经理作为绿色施工牵头人负责绿色施工专项管理工作。

（3）以工程科技管理部门为主，其他各管理部室负责与其工作相关的绿色施工管理工作，并配合协助其他部室工作。

表 7-1 公司绿色施工责任分配

绿色施工相关工作 公司领导、部门	总经理	绿色施工牵头人	人力资源管理部门	成本核算管理部门	工程科技管理部门	材料设备管理部门	市场经营管理部门
公司总目标	主控	相关	相关	相关	主控	相关	相关
公司总策划	相关	主控	相关	相关	主控	相关	相关
人力资源配备	相关	主控	主控	相关	相关	相关	相关
教育与培训	相关	主控	主控	相关	相关	相关	相关
直接经济效益控制	相关	主控	相关	主控	相关	相关	相关
绿色施工方案审核	相关	主控	相关	相关	主控	相关	相关
项目间协调管理	相关	主控	相关	相关	主控	相关	相关
数据收集与反馈	相关	主控	相关	相关	主控	相关	相关
专项检查	相关	主控	相关	相关	主控	相关	相关
绿色建材数据库的建立与更新	相关	主控	相关	相关	相关	主控	相关
绿色施工机械、机具数据库的建立与更新	相关	主控	相关	相关	相关	主控	相关
监督项目限额领料制度的制定与落实	相关	主控	相关	相关	相关	主控	相关
监督项目机械管理	相关	主控	相关	相关	相关	主控	相关
合同评审	相关	主控	相关	相关	相关	相关	主控
……							

(二) 项目绿色施工责任分配（表 7-2）

表 7-2 项目主要绿色施工管理任务分工表

任务部门	绿色施工管理机构	质量	安全	成本	后勤
施工现场标牌包含环境保护内容	决策与检查	参与	参与	参与	执行
制定用水定额	决策与检查	参与	参与	执行	参与
……					

(1) 项目经理为项目绿色施工第一责任人。

(2) 项目技术负责人、分管副经理、财务总监以及建设项目参与各方代表等组成的绿色施工管理机构。

(3)绿色施工管理机构开工前制订绿色施工规划,确定拟采用的绿色施工措施并进行管理任务分工。

(4)管理任务分工,其职能主要分为四个:决策、执行、参与和检查。一定要保证每项任务都有管理部门或个人负责决策、执行、参与和检查。

(5)项目主要绿色施工管理任务分工表制定完成后,每个执行部门负责填写《绿色施工措施规划表》(表7-3)报绿色施工专职管理员,绿色施工专职管理员初审后报项目部绿色施工管理机构审定,作为项目正式指导文件下发到每一个相关部门和人员。

(6)在绿色施工实施过程中,绿色施工专职管理员应负责各项措施实施情况的协调和监控。同时在实施过程中,针对技术难点、重点,可以聘请相关专家作为顾问,确保实施顺利。

表7-3 绿色施工措施规划表

措施类别	措施内容	实现方式	收集资料	拟落实责任
环境保护	建筑垃圾应分类收集、集中堆放	修建建筑垃圾回收池;制定建筑垃圾管理制度;制定建筑垃圾分类管理登记表并监督执行	建筑垃圾管理制度、分类管理登记表、外运记录表等文字资料;相关照片影像资料等	×××
……				

第二节 绿色施工规划管理

一、绿色施工图纸会审

绿色施工开工前应组织绿色施工图纸会审,也可在设计图纸会审中增加绿色施工部分,从绿色施工"四节一环保"的角度,结合工程实际,在不影响质量、安全、进度等基本要求的前提下对设计进行优化,并保留相关记录。

现阶段绿色施工处于发展阶段,工程的绿色施工图纸会审应该由公司一级管理技术人员参加,在充分了解工程基本情况后,结合建设地点、环境、条件等因素提出合理性设计变更申请,经相关各方同意会签后,由项目部具体实施。

二、绿色施工总体规划

（一）公司规划

在确定某工程要实施绿色施工管理后，公司应对其进行总体规划，规划内容包括：

(1) 材料设备管理部门从《绿色建材数据库》中选择距工程 500km 范围内绿色建材供应商数据供项目选择。从《绿色施工机械、机具数据库》中结合工程具体情况，提出机械设备选型咨议。

(2) 工程科技管理部门收集工程周边在建项目信息，对工程临时设施建设需要的周转材料、临时道路路基建设需要的碎石类建筑垃圾以及在工程如有前期拆除工序而产生的建筑垃圾就近处理等提出合理化建议。

(3) 根据工程特点，结合类似工程经验，对工程绿色施工目标设置提出合理化建议和要求。

(4) 对绿色施工要求的执证人员、特种人员提出配置建议和要求；对工程绿色施工实施提出基本培训要求。

(5) 在全公司范围内（有条件的公司可以在一定区域范围内），从绿色施工"四节一环保"的基本原则出发，统一协调资源、人员、机械设备等，以求达到资源消耗最少、人员搭配最合理、设备协同作业程度最高、最节能的目的。

（二）项目规划

在进行绿色施工专项方案编制前，项目部应对以下因素进行调查并结合调查结果做出绿色施工总体规划。

1. 工程建设场地内原有建筑分布情况

(1) 原有建筑需拆除：要考虑对拆除材料的再利用。

(2) 原有建筑需保留，但施工时可以使用：结合工程情况合理利用。

(3) 原有建筑需保留，施工时严禁使用并要求进行保护：要制订专门的保护措施。

2. 工程建设场地内原有树木情况

(1) 需移栽到指定地点：安排有资质的队伍合理移栽。

(2) 需就地保护：制订就地保护专门措施。

(3) 需暂时移栽，竣工后移栽回现场：安排有资质的队伍合理移栽。

3. 工程建设场地周边地下管线及设施分布情况

制定相应的保护措施，并考虑施工时是否可以借用，以避免重复施工。

4. 竣工后规划道路的分布和设计情况

施工道路的设置尽量跟规划道路重合，并按规划道路路基设计进行施工，避免重复施工。

5. 竣工后地下管网的分布和设计情况

特别是排水管网。建议一次性施工到位，施工中提前使用，避免重复施工。

6. 本工程是否同为创绿色建筑工程

如果是，考虑某些绿色建筑设施，如雨水回收系统等提前建造，施工中提前使用，避免重复施工。

7. 距施工现场 500km 范围内主要材料分布情况

虽然有公司提供的材料供应建议，但项目部仍需要根据工程预算材料清单，对主要材料的生产厂家进行摸底调查，距离太远的材料考虑运输能耗和损耗，在不影响工程质量、安全、进度、美观等前提下，可以提出设计变更建议。

8. 相邻建筑施工情况

施工现场周边是否有正在施工或即将施工的项目，从建筑垃圾处理、临时设施周转材料衔接、机械设备协同作业、临时或永久设施共用、土方临时堆场借用甚至临时绿化移栽等方面考虑是否可以合作。

9. 施工主要机械来源

根据公司提供的机械设备选型建议，结合工程现场周边环境，规划施工主要机械的来源，尽量减少运输能耗，以最高效使用为基本原则。

10. 其他

（1）设计中是否有某些构配件可以提前施工到位，在施工中运用，避免重复施工。

例如，高层建筑中消防主管提前施工并保护好，用作施工消防主管，避免重复施工；地下室消防水池在施工中用作回收水池，循环利用楼面回收水等。

（2）卸土场地或土方临时堆场：考虑运土时对运输路线环境的污染和运输能耗等，距离越近越好。

（3）回填土来源：考虑运土时对运输路线环境的污染和运输能耗等，在满足设计要求前提下，距离越近越好。

（4）建筑、生活垃圾处理：联系好回收和清理部门。

（5）构件、部品工厂化的条件：分析工程实际情况，判断是否可能采用工厂化加工的构件或部品；调查现场附近钢筋、钢材集中加工成型，结构部品化生产，装饰装修材料集中加工，部品生产的厂家条件。

三、绿色施工专项方案

在进行充分调查后，项目部应对绿色施工制定总体规划，并根据规划内容编制绿色施工专项施工方案。

（一）绿色施工专项方案主要内容

绿色施工专项方案是在工程施工组织设计的基础上，对绿色施工有关的部分进行具体和细化，其主要内容应包括：

(1) 绿色施工组织机构及任务分工。
(2) 绿色施工的具体目标。
(3) 绿色施工针对"四节一环保"的具体措施。
(4) 绿色施工拟采用的"四新"技术措施。
(5) 绿色施工的评价管理措施。
(6) 工程主要机械、设备表。
(7) 绿色施工设施购置（建造）计划清单。
(8) 绿色施工具体人员组织安排。
(9) 绿色施工社会经济环境效益分析。
(10) 施工现场平面布置图等。

其中：

①绿色施工针对"四节一环保"的具体措施，可以参照《建筑工程绿色施工评价标准》（GB/T 50640）和《绿色施工导则》的相关条款，结合工程实际情况，选择性采用。

②绿色施工拟采用的"四新"技术措施可以是《建筑业十项新技术》、"建设事业推广应用和限制禁止使用技术公告"、"全国建设行业科技成果推广项目"以及本地区推广的先进适用技术等，如果是未列入推广计划的技术，则需要另外进行专家论证。

③主要机械、设备表需列清楚设备的型号、生产厂家、生产年份等相关资料，以方便审查方案时判断是否为国家或地方限制、禁止使用的机械设备。

④绿色施工设施购置（建造）计划清单，仅包括为实施绿色施工专门购置（建造）的设施，对原有设施的性能提升，应只计算增值部分的费用；多个工程重复使用的设施，应计算其分摊费用。

⑤绿色施工具体人员组织安排应具体到每一个部门、每一个专业、每一个分包队伍的绿色施工负责人。

⑥施工现场平面布置图应考虑动态布置,以达到节地的目的,多次布置的应提供每一次的平面布置图,布置图上要求将噪声监测点、循环水池、垃圾分类回收池等绿色施工专属设施标注清楚。

(二) 绿色施工专项方案审批要求

绿色施工专项方案要求严格按项目、公司两级审批。一般由绿色施工专职施工员进行编制,项目技术负责人审核后,报公司总工程师审批,只有审批手续完整的方案才能用于指导施工。

绿色施工专项方案有必要时,考虑组织进行专家论证。

第三节 绿色施工目标管理

一、绿色施工目标值的确定

目标值应该从粗到细分为不同层次,可以是总目标下规划若干分目标,也可以将一个一级目标拆分成若干二级目标,形式可以多样,数量可以多变,每个工程的目标值应该是一个科学的目标体系,而不仅是简单的几个数据。

绿色施工目标体系确定的原则是:因地制宜、结合实际、容易操作、科学合理。

因地制宜——目标值必须是结合工程所在地区实际情况制定的。

结合实际——目标值的设置必须充分考虑工程所在地的施工水平、施工实施方的实力和施工经验等。

容易操作——目标值必须清晰、具体,一目了然,在实施过程中,方便收集对应的实际数据与其对比。

科学合理——目标值应该是在保证质量、安全的基本要求下,针对"四节一环保"提出的合理目标,在"四节一环保"的某个方面相对传统施工方法有更高要求的指标。

项目在实施过程中的绿色施工目标控制采用动态控制的原理。

动态控制的具体方法是在施工过程中对项目目标进行跟踪和控制。收集各个绿色施工控制要点的实测数据,定期将实测数据与目标值进行比较。当发现实施过程中的实际情况与计划目标发生偏离时，及时分析偏离原因，确定纠正措施，采取纠正行动。对纠正后仍无法满足的目标值，进行论证分析，及时修改，设立新的更适宜的目标值。

在工程建设项目实施中如此循环，直至目标实现为止。项目目标控制的纠偏措施主要有组织措施、管理措施、经济措施和技术措施等。

二、绿色施工目标管理内容

绿色施工的目标管理按"四节一环保"及效益六个部分进行，应该贯穿到施工策划、施工准备、材料采购、现场施工、工程验收等各个阶段的管理和监督之中。

现阶段项目绿色施工各项指标的具体目标值结合《绿色施工导则》《建筑工程绿色施工评价标准》（GB/T 50640）、《建筑工程绿色施工规范》（GB/T 50905-2014）等相关条款，可按表7-4~表7-9结合工程实际选择性设置，其中参考目标数据是根据相关规范条款和实际施工经验提出，仅作参考。

表7-4　环境保护目标管理

主要指标	需设置的目标值	参考的目标数据
建筑垃圾产量	建筑垃圾产量小于…t	每万平方米建筑垃圾不超过400t
建筑垃圾回收率	建筑垃圾回收率达到…%	可回收施工废弃物的回收率不小于80%
建筑垃圾再利用率	建筑垃圾再利用率达到…%	再利用率和再回收率达到30%
碎石类、土石方类建筑垃圾再利用率	碎石类、土石方类建筑垃圾再利用率达到…%	碎石类、土石方类建筑垃圾再利用率大于50%
有毒有害废物分类率	有毒有害废物分类率达到…%	有毒有害废物分类率达到100%
噪声控制	昼间<70dB；夜间<55dB	根据《建筑施工场界环境噪声排放标准》（GB 12523），昼间<70dB；夜间<55dB
水污染控制	PH值达到…	PH值应在6~9之间
扬尘高度控制	结构施工扬尘高度<…m，基础施工扬尘高度<10m，安装装饰装修阶段扬尘高度…m。场界四周隔挡高度位置测得的大气总悬浮颗粒物（TSP）月平均浓度与城市背景值的差值…	结构施工扬尘高度<0.5m，基础施工扬尘高度0.5m，安装装饰装修阶段扬尘高度<0.5m。场界四周隔挡高度位置测得的大气总悬浮颗粒物（TSP）月平均浓度与城市背景值的差值<0.08mg/m³
光污染控制	达到环保部门规定	达到环保部门规定，周围居民0投诉

表 7-5 节材与材料资源利用目标管理

主要指标	预算损耗值	目标损耗值	参考的目标数据
钢材	……t	…t	材料损耗率比定额损耗率降低 30%
商品混凝土	…m³	…m³	材料损耗率比定额损耗率降低 30%
木材	…m³	…m³	材料损耗率比定额损耗率降低 30%
模块	平均周转次数为…次	平均周转次数为…次	
围挡等周转设备（料）	/	重复使用率…%	重复使用率≥70%
工具式定型模板	/	使用面积…m³	使用面积不小于模板工程总面积的 50%
其他主要建筑材料			材料损耗率比定额损耗率降低 30%
就地取材<500km 以内	/	占总量的…%	占总量的≥70%
建筑材料包装物回收率	/	建筑材料包装物回收率…%	建筑材料包装物回收率达到 100%
预拌砂浆	/	…m³	超过砂浆总量的 50%
钢筋工厂化加工	/	…t	80%钢筋采用工厂化加工

表 7-6 节水与水资源利用目标管理

主要指标	施工阶段	目标耗水量	参考的目标数据
办公、生活区	桩基、基础施工阶段	…m³	
办公、生活区	主体结构施工阶段	…m³	
办公、生活区	二次结构和装饰施工阶段	…m³	
生产作业区	桩基、基础施工阶段	…m³	
生产作业区	主体结构施工阶段	…m³	
生产作业区	二次结构和装饰施工阶段	…m³	
整个施工区	桩基、基础施工阶段	…m³	
整个施工区	主体结构施工阶段	…m³	
整个施工区	二次结构和装饰施工阶段	…m³	

续表

主要指标	施工阶段	目标耗水量	参考的目标数据
节水设备（设施）配置率	/	…%	节水设备（设施）配置率达到100%
非政府自来水利用量占总用水量	/	…%	非政府自来水利用量占总用水量≥30%

表7-7 节能与能源利用目标管理

主要指标	施工阶段	目标耗电量	参考的目标数据
办公、生活区	桩基、基础施工阶段	…kW·h	
	主体结构施工阶段	…KW·h	
	二次结构和装饰施工阶段	…KW·h	
生产作业区	桩基、基础施工阶段	…KW·h	
	主体结构施工阶段	…KW·h	
	二次结构和装饰施工阶段	…KW·h	
整个施工区	桩基、基础施工阶段	…KW·h	
	主体结构施工阶段	…KW·h	
	二次结构和装饰施工阶段	…KW·h	
节电设备（设施）配置表	/	…kW·h	节能照明灯具的数量应大于80%
可再生能源利用	/	…KW·h	暂不做量的要求，鼓励合理使用

表7-8 节地与土地资源利用目标管理

主要指标	目标值	参考的目标数据
办公、生活区面积	…m²	
生产作业区面积	…m²	
办公、生活区面积与生产作业区面积比率	…%	
施工绿化面积与占地面积比率	…%	暂无参考数据，鼓励多保留绿地，不做量的要求
临时设施占地面积有效利用率	…%	临时设施占地面积有效利用率达到90%

续表

主要指标	目标值	参考的目标数据
原有建筑物、构筑物、道路和管线的利用情况		暂无参考数据，鼓励尽可能地多利用，不做量的要求
永久设施利用情况		鼓励结合永久道路，规划地下管网布局施工临时设施
场地道路布置情况	双车道宽度≤…m	双车道宽度≤6m
	单车道宽度≤…m	单车道宽度≤3.5m
	转弯半径≤…m	转弯半径≤15m

表 7-9 绿色施工的经济效益和社会效益目标管理

主要指标	目标值	参考的目标数据
实施绿色施工的增加成本	…元	一次性损耗成本…元
实施绿色施工的节约成本	…元	环境保护措施节约成本为…元
		节材措施节约成本为…元
		节水措施节约成本为…元
		节能措施节约成本为…元
		节地措施节约成本为…元
前两项之差		增加（节约）…元，占总产值比重为…%
绿色施工社会效益		

注：前两项之差指"实施绿色施工的增加成本"与"实施绿色施工的节约成本"之差。

表 7-4~表 7-9 中，参考的目标数据来源为《绿色施工导则》《建筑工程绿色施工评价标准》（GB/T 50640）、新修编的《绿色建筑评价标准》（GB/T 50378）。

绿色施工目前还处于发展阶段，表 7-4~表 7-9 的主要指标、目标值以及参考的目标数据都存在一定的阶段性，项目在具体实施过程中应注意把握国家行业动态和"新技术、新工艺、新设备、新材料"在绿色施工中的推广应用程度以及本企业绿色施工管理水平的进步等，及时进行调整。

第四节 绿色施工实施管理

绿色施工专项方案和目标值确定之后，进入到项目的实施管理阶段，绿色施工应对整个过程实施动态管理,加强对施工策划、施工准备、现场施工、工程验收等各阶段的管理和监督。

绿色施工的实施管理实质是对实施过程进行控制,以达到规划所要求的绿色施工目标。通俗地说就是为实现目的进行的一系列施工活动,作为绿色施工工程,在其实施过程中,主要强调以下几点。

一、建立完善的制度体系

"没有规矩,不成方圆。"绿色施工在开工前制订了详细的专项方案,确立了具体的各项目标,在实施工程中,主要是采取一系列的措施和手段,确保按方案施工,最终满足目标要求。

二、配备全套的管理表格

绿色施工应建立整套完善的制度体系,通过制度,既约束不绿色的行为又指定应该采取的绿色措施,而且,制度也是绿色施工得以贯彻实施的保障体系。

绿色施工的目标值大部分是量化指标,因此在实施过程中应该收集相应的数据,定期将实测数据与目标值进行比较,及时采取纠正措施或调整不合理的目标值。

另外,施工管理是一个过程性活动,随着工程的竣工,很多施工措施将消失不见,为了考核绿色施工效果,见证绿色施工效益,及时发现存在的问题,要求针对每一个绿色施工管理行为制定相应的管理表格,并在施工中监督填制。

三、营造绿色施工氛围

目前,绿色施工理念还没有深入人心,很多人并没有完全接受绿色施工概念,绿色施工实施管理,应该纠正职工的思想,努力让每一个职工把节约资源和保护环境放到一个重要的位置上,让绿色施工成为一种自觉行为。要达到这个目的,结合工程项目特点,有针对性地对绿色施工做相应的宣传,通过宣传营造绿色施工的氛围非常重要。

绿色施工要求在现场施工标牌中增加环境保护的内容,在施工现场醒目位置设置环境保护标识。

四、增强职工绿色施工意识

施工企业应重视企业内部的自身建设,使管理水平不断提高,不断趋于科学合理,并加强企业管理人员的培训，提高他们的素质和环境意识。具体应做到：

第一，加强管理人员的学习，然后由管理人员对操作层人员进行培训，增强员工的整体绿色意识，增加员工对绿色施工的承担与参与。

第二，在施工阶段，定期对操作人员进行宣传教育，如黑板报和绿色施工宣传小册子等，要求操作人员严格按已制订的绿色施工措施进行操作，鼓励操作人员节约水电、节约材料、注重机械设备的保养、注意施工现场的清洁，文明施工，不制造人为污染。

五、借助信息化技术

绿色施工实施管理可以借助信息化技术作为协助实施手段，目前施工企业信息化建设越来越完善，已建立了进度控制、质量控制、材料消耗、成本管理等信息化模块，在企业信息化平台上开发绿色施工管理模块，对项目绿色施工实施情况进行监督、控制和评价等工作能起到积极的辅助作用。

第五节 绿色施工评价管理

绿色施工管理体系中应该有自评价体系。根据编制的绿色施工专项方案，结合工程特点，对绿色施工的效果及采用的新技术、新设备、新材料和新工艺，进行自评价。自评价分项目自评价和公司自评价两级，分阶段对绿色施工实施效果进行综合评价，根据评价结果对方案、措施以及技术进行改进、优化。

一、绿色施工项目自评价

项目自评价由项目部组织，分阶段对绿色施工各个措施进行评价，自评价办法可以参照《建筑工程绿色施工评价标准》（GB/T 50640）进行。

绿色施工自评价一般分三个阶段进行，即地基与基础工程、结构工程、装饰装修与机电安装工程阶段。原则上每个阶段不少于一次自评，且每个月不少于一次自评。

绿色施工自评价分四个层次进行：绿色施工要素评价、绿色施工批次评价、绿色施工阶段评价和绿色施工单位工程评价。

（一）绿色施工要素评价

绿色施工的要素按"四节一环保"分五大部分，绿色施工要素评价就是按这五大部分分别制表进行评价，参考评价表见表 7-10。

表 7-10 绿色施工要素评价表

工程名称			编号	
施工单位		施工阶段	填表日期	
评价指标			施工部位	
控制项		采用的必要措施	评价结论	
工程名称			编号	
			填表日期	
施工单位			施工阶段	
评价指标			施工部位	
一般项		采用的可选措施	计分标准	实得分
优选项		采用的加分措施	计分标准	实得分
评价结论				
签字栏	建设单位		监理单位	施工单位

填表说明：①施工阶段填"地基与基础工程""结构工程"或"装饰装修与机电安装工程"；②评价指标填"环境保护""节材与材料资源利用""节水与水资源利用""节能与能源利用""节地与土地资源保护"；③采用的必要措施（控制项）指该评价指标体系内必须达到的要素，如果没有达到，一票否决；④采用的可选措施（一般项）指根据工程特点，选用的该评价指标体系内可以做到的要素，根据完成情况给予打分，完全做到给满分，部分做到适当给分，没有做不得分；⑤采用的加分措施（优选项）指根据工程特点选用的"四新"技术、经论证的创新技术以及较现阶段绿色施工目标有较大提高的措施，如

建筑垃圾回收再利用率大于50%等。

计分标准建议按100分制，必要措施（控制项）不计分，只判断合格与否；可选措施（一般项）根据要素难易程度、绿色效益情况等按100分进行分配，这部分分配在开工前应该完成；加分措施（优选项）根据选用情况适当加分。

（二）绿色施工批次评价

将同一时间进行的绿色施工要素评价进行加权统计，得出单次评价的总分，参考评价表见表7-11。

表7-11　绿色施工批次评价汇报表

工程名称		编号	
		填表日期	
评价阶段			
评价要素	评价得分	权重系数	实得分
环境保护		0.3	
节材与材料资源利用		0.2	
节水与水资源利用		0.2	
节能与能源利用		0.2	
节地与施工用地保护		0.1	
合计		1	
评价结论	1. 控制项； 2. 评价得分； 3. 优选项； 结论		
签字栏	建设单位	监理单位	施工单位

填表说明：①施工阶段与进行统计的"绿色施工要素评价表"一致；②评价得分指"绿色施工要素评价表"中"采用的可选措施（一般项）"的总得分，不包括"采用的加分措施（优选项）"得分，该部分在评价结论处单独统计；③权重系数根据"四节一环保"在施工中的重要性，参照《建筑工程绿色施工评价标准》（GB/T 50640）给定；④评价结论栏，控制项填是否全部满足；评价得分根据上栏实得分汇总得出；优选项将五张

"绿色施工要素评价表"优选项累加得出；⑤绿色施工批次评价得分等于评价得分加优选项得分。

（三）绿色施工阶段评价

将同一施工阶段内进行的绿色施工批次评价进行统计，得出该施工阶段的平均分，参考评价表见表7-12。

表7-12 绿色施工阶段评价汇总表

工程名称		编号	
评价阶段		填表日期	
评价批次	批次得分	评价批次	批次得分
1		9	
2		10	
3		11	
4		12	
5		13	
6		14	
7		15	
8		……	
小计			
签字栏	建设单位	监理单位	施工单位

填表说明：①评价阶段分"地基与基础工程""结构工程""装饰装修与机电安装工程"，原则上每阶段至少进行一次施工阶段评价，且每个月至少进行一次施工阶段评价；②阶段评价得分 $G=$ 批次评价得分 $\sum$ /评价批次数 E。

（四）绿色施工单位工程评价

将所有施工阶段的评价得分进行加权统计，得出本工程绿色施工评价的最后得分，参考评价表见表7-13。

表 7-13　绿色施工单位工程评价汇总表

工程名称		编号	
		填表日期	
评价阶段	阶段得分	权重系数	实得分
地基与基础工程		0.3	
结构工程		0.5	
装饰装修与机电安装工程		0.2	
合计		1	
评价结论			
签字栏	建设单位	监理单位	施工单位

填表说明：根据绿色施工阶段评价得分加权计算，权重系数根据三个阶段绿色施工的，参照《建筑工程绿色施工评价标准》（GB/T 50640）确定。

绿色施工自评价也可由项目承建单位根据自身情况设计表格进行。

二、绿色施工公司自评价

在项目实施绿色施工管理过程中，公司应对其自身进行评价。评价由专门的专家评估小组进行，原则上每个施工阶段都应该进行至少一次公司自评价。

公司自评价的表格可以采用表 7-10~表 7-13，或者自行设计更符合项目管理要求的表格。但每次公司自评价后，应该及时与项目自评价结果进行对比，差别较大的工程应重新组织专家评价，找出差距原因，制订相关措施。

绿色施工评价是推广绿色施工工作中的重要一环，只有真实、准确、及时地对绿色施工进行评价，才能了解绿色施工的状况和水平，发现其中存在的问题和薄弱环节，并在此基础上进行持续改进，使绿色施工的技术和管理手段更加完善。

参考文献

[1] 田杰芳. 绿色建筑与绿色施工［M］. 北京：清华大学出版社，2020.

[2] 陈浩. 绿色施工科技示范工程申报与创建参考手册［M］. 北京：中国建筑工业出版社，2020.

[3] 杨承惄，陈浩. 绿色建筑施工与管理［M］. 北京：中国建材工业出版社，2020.

[4] 张甡. 绿色建筑工程施工技术［M］. 长春：吉林科学技术出版社，2020.

[5] 石斌，董琳，张晓红. 绿色建筑施工与造价管理［M］. 长春：吉林科学技术出版社，2020.

[6] 张东明. 绿色建筑施工技术与管理研究［M］. 哈尔滨：哈尔滨地图出版社，2020.

[7] 强万明. 超低能耗绿色建筑技术［M］. 北京：中国建材工业出版社，2020.

[8] 姜立婷. 绿色建筑与节能环保发展推广研究［M］. 哈尔滨：哈尔滨工业大学出版社，2020.

[9] 郭啸晨. 绿色建筑装饰材料的选取与应用［M］. 武汉：华中科技大学出版社，2020.

[10] 郭颜凤，池启贵. 绿色建筑技术与工程应用［M］. 西安：西北工业大学出版社，2020.

[11] 孙学礼，王松军. 建筑施工技术与机械［M］. 北京：高等教育出版社，2020.

[12] 贾小盼. 绿色建筑工程与智能技术应用［M］. 长春：吉林科学技术出版社，2020.

[13] 华洁，衣韶辉，王忠良. 绿色建筑与绿色施工研究［M］. 延吉：延边大学出版社，2019.

[14] 焦营营，张运楚，邵新. 智慧工地与绿色施工技术［M］. 徐州：中国矿业大学出版社，2019.

[15] 赵永杰，张恒博，赵宇. 绿色建筑施工技术［M］. 长春：吉林科学技术出版社，2019.

［16］章峰，卢浩亮. 基于绿色视角的建筑施工与成本管理［M］. 北京：北京工业大学出版社，2019.

［17］宋娟，贺龙喜，杨明柱. 基于BIM技术的绿色建筑施工新方法研究［M］. 长春：吉林科学技术出版社，2019.

［18］丁树奎. 城市轨道交通建设工程绿色文明施工标准化管理图册［M］. 北京：中国铁道出版社，2019.

［19］张谊，刘克国. 市政工程绿色施工管理［M］. 成都：西南财经大学出版社，2019.

［20］宋义仲. 绿色施工技术指南与工程应用［M］. 成都：四川大学出版社，2019.

［21］王禹，高明. 新时期绿色建筑理念与其实践应用研究［M］. 北京：中国原子能出版社，2019.

［22］武丽华，唐志勃，赖忠楠. 绿色施工背景下的施工艺术与实践［M］. 南京：江苏凤凰美术出版社，2018.

［23］沈艳忱，梅宇靖. 绿色建筑施工管理与应用［M］. 长春：吉林科学技术出版社，2018.

［24］黄波. 绿色建筑与绿色施工技术研究［M］. 北京：地质出版社，2018.

［25］刘明生. 安全文明、绿色施工细部节点做法与施工工艺图解［M］. 北京：中国建筑工业出版社，2018.

［26］张炳文，岳建勋，杜锡明. 绿色建筑施工新技术［M］. 天津：天津科学技术出版社，2018.

［27］董安国，林东燕，杨树山. 绿色理念视角下市政公用基础设施施工技术［M］. 北京：北京工业大学出版社，2018.

［28］李继业，蔺菊玲，李明雷. 绿色建筑节能工程技术丛书绿色建筑节能工程施工［M］. 北京：化学工业出版社，2018.

［29］姚建顺，毛建光，王云江. 绿色建筑［M］. 北京：中国建材工业出版社，2018.

［30］张永平，张朝春. 建筑与装饰施工工艺［M］. 北京：北京理工大学出版社，2018.

［31］蔡军兴，王宗昌，崔武文. 建设工程施工技术与质量控制［M］. 北京：中国建材工业出版社，2018.